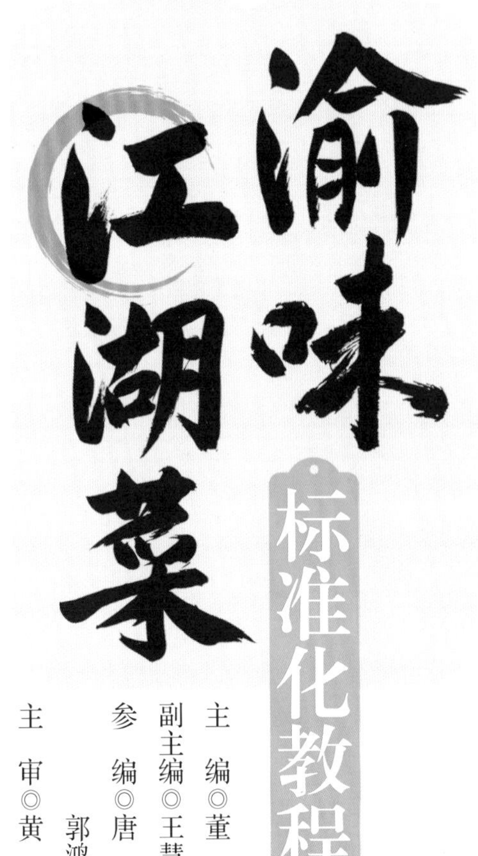

渝味江湖菜标准化教程

主　编◎董　兵
副主编◎王慧华　张国富
参　编◎唐　波　柏　丹　杨　毅　王　昭
　　　　郭鸿飞　陶　焱
主　审◎黄　轶　刘川华　吴远模　刘功雨

SWUP
西南大学出版社
国家一级出版社　全国百佳图书出版单位

图书在版编目（CIP）数据

渝味江湖菜标准化教程 / 董兵主编. -- 重庆 : 西南大学出版社, 2024.8. -- ISBN 978-7-5697-2130-0

Ⅰ.TS972.117

中国国家版本馆CIP数据核字第2024PE7541号

渝味江湖菜标准化教程

YUWEI JIANGHUCAI BIAOZHUNHUA JIAOCHENG

主　编：董　兵
副主编：王慧华　张国富

责任编辑：杨景罡
责任校对：翟腾飞
装帧设计：闰江文化
排　　版：王　兴
出版发行：西南大学出版社（原西南师范大学出版社）
　　　　　地　　址：重庆市北碚区天生路2号
　　　　　邮　　编：400715
　　　　　市场营销部电话：023-68868624
印　　刷：重庆长虹印务有限公司
成品尺寸：185 mm × 260 mm
印　　张：9.25
字　　数：188千字
版　　次：2024年8月 第1版
印　　次：2024年8月 第1次印刷
书　　号：ISBN 978-7-5697-2130-0
定　　价：49.00元

前言

江湖菜，源于民间，繁荣于都市。江湖菜烹调不拘泥于常规，以独具匠心的烹饪技法在川菜基础上百变互转，提升厨师对食材的运用能力，促进厨师烹饪技法的创新。江湖菜的选材和烹饪极具乡土气息，新生代江湖菜以热辣张扬、滋味丰富的个性活跃于现代都市之中。

随着重庆新晋为一线城市,越来越多的游客来到重庆,品味重庆,带动重庆餐饮不断创新和发展。在本书的编写过程中，编委联合重庆老字号餐饮——重庆徐鼎盛餐饮管理有限公司，把餐饮企业的新标准、新技术、新方法融入教材中，充分展现出校企共建共融的新型合作模式。

本书主要根据重庆地方特色餐饮，选取市场较为流行的、具有代表性的菜品和企业典型的非遗菜肴、人气菜肴、招牌菜肴，采用模块化、任务式模式编写，在编写中注重菜肴理论步骤的细化与实训步骤的通俗化。本书根据菜肴制作流程对原料的加工处理和烹调过程分别进行阐述，灵活运用菜肴烹调的基础知识，培养学生对知识点和操作点的运用能力，开拓学生的思维，注重对学生综合素养的提升。在配套资源中直观生动地展现出菜肴制作的标准工艺流程，

为广大使用者更加直观地展现成菜步骤和效果，提高教材的适用性，激发学生的学习兴趣。

需要说明的是，书中图片展示的食材并非所有原料，也非实际用量，在制作过程中原料及用量以原料构成表为准。烹调加工成菜步骤只介绍主要步骤，一些普通处理有所省略。为了方便学生更加直观地学习，每个任务我们精心制作了视频，学生可通过扫描任务旁的二维码观看。但视频内容并非任务图文内容的完全重现与重复，两者独立又相互内在联系，让学生从多种感觉学习做菜。由于编者水平有限，市场上的菜品工艺各不相同，书中难免有疏漏或争议之处，敬请使用者们批评指正，以便进一步修订完善。

目录

模块一 海河鲜类菜肴

模块二 家禽类菜肴

模块三 家畜类菜肴

模块四 其他类菜肴

模块一 海河鲜类菜肴

渝味江湖菜

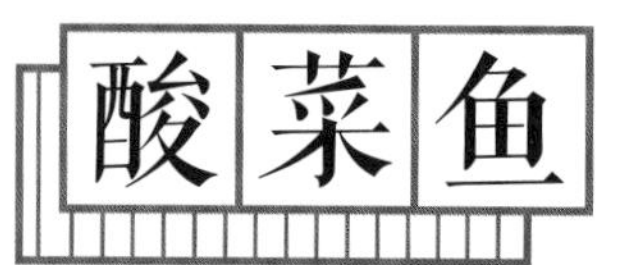

任务一

酸菜鱼

一 菜肴简介

酸菜鱼是非常具有地域特色的川菜。该菜肴选用地道的农家老坛酸菜，佐以姜、蒜、泡椒等调料烹饪而成。其汤汁浓郁，酸辣适口，肉质细嫩，在食肆广受欢迎。经过市场的不断改良与创新，酸菜鱼的特点被发挥到极致，鲜香酸醇，以一个单品菜红遍餐饮业。

二 菜肴制作

（一）原料构成与准备（图1-1-1）

主料： 花鲢鱼一尾1000 g。

辅料： 鸡蛋2个，老坛酸菜300 g。

调料： 青泡椒50 g，红泡椒30 g，泡野山椒20 g，泡姜20 g，大蒜15 g，小葱20 g，老姜20 g，白酒50 g，干花椒8 g，盐5 g，鸡精5 g，味精5 g，白醋10 g，胡椒粉5 g、淀粉、猪油、菜籽油适量。

图1-1-1

（二）烹调加工成菜步骤

1 原料处理加工阶段（图1-1-2）

图 1-1-2

（1）酸菜切小段，青泡椒切成段，泡野山椒切颗粒，红泡椒对半切去籽，泡姜切片备用。

（2）老姜、大蒜去皮洗净，切成姜蒜米，小葱去根去老叶洗净，切葱花。

（3）鱼宰杀后去鳞、去内脏、去鱼鳃，洗净。鱼肉剔下，片成片。鱼头剖开，鱼骨斩断成块，冲水去除血渍，控水后加入盐、葱、姜、白酒、胡椒粉码味，腌制 10 分钟备用。

（4）鱼片加入盐、胡椒粉、白酒、葱姜码味，腌制 5 分钟左右，加入蛋清、淀粉上浆，最后淋上一层油锁住水分，备用。（图 1-1-3）

图 1-1-3

2 菜肴烹调过程

（1）炙锅下油，加入鱼骨、鱼头煎至两面金黄捞出（图 1-1-4）。锅中加入猪油，加入大蒜、花椒炒香，再加入酸菜、泡椒、泡姜用中火炒香出味。（图 1-1-5）

图 1-1-4

图 1-1-5

（2）锅中加入适量清水，放入煎好的鱼头、鱼骨开大火烧开，转关小火烧至汤色呈现奶白色，加入适量盐、胡椒粉、白醋调味，鱼骨熟透后，捞出放入盘中垫底。

（3）锅中汤汁再次烧沸后改小火保持微沸状态，依次下鱼片，开火煮至六成熟，加入鸡精、味精调味，待鱼片定型后转中火，煮熟后连汤汁一起倒入盆中，表面撒上蒜末、葱花。

（4）洗锅烧油至八成油温，将热油浇于表面，将蒜末、葱花炝出香味即可成菜。（图 1-1-6）

图 1-1-6

3 成菜特点

肉质鲜嫩、酸辣开胃、汤酸浓郁。

三 成菜关键技术要点

1. 鱼骨、鱼头要煎制成金黄色。
2. 调味时需注意，腌制类辅料中的盐味会随时间慢慢浸出。
3. 炝油的温度要适宜，辣椒、花椒、姜蒜末的香味要炝至充分释放。

四 延伸菜肴

泡椒鱼、麻辣酸菜鱼。

任务二

水煮鱼

一 菜肴简介

水煮鱼又称麻辣鱼、沸腾鱼，其前身为火锅鱼，油而不腻，辣而不燥，麻而不苦，肉质滑嫩，麻辣厚重。厨师们先后对其进行了创新，从鱼的选择、麻辣的搭配等方面潜心钻研，使其经久不衰地活跃在餐饮市场。

二 菜肴制作

（一）原料构成与准备（图 1-2-1）

主料：草鱼一尾500 g。

辅料：豆芽100 g，竹笋100 g，鸡蛋2个。

调料：干辣椒50 g，干花椒15 g，姜10 g，蒜20 g，小葱15 g，盐5 g，味精5 g，白糖3 g，红薯淀粉20 g，生粉20 g，白酒50 g，胡椒粉5 g，葱姜水、香料粉、色拉油适量。

图 1-2-1

（二）烹调加工成菜步骤

1 原料处理加工阶段

图 1-2-2

（1）草鱼宰杀去鳞、去内脏、去鱼鳃、去腹部内膜，洗净；将鱼头对半破开；鱼骨和鱼肉分开（图1-2-2）；鱼骨砍成块，和鱼头一起用清水漂除血水，滤干水分待用；鱼肉洗净改刀成片待用。

（2）竹笋洗净切片并撕成细丝，小葱去根去老叶洗净切段，姜、蒜去皮洗净拍破切片，干辣椒切节去籽备用。

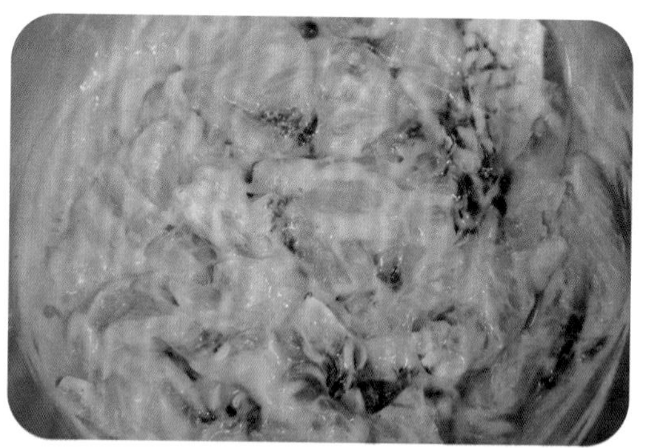
图 1-2-3

（3）鱼头、鱼骨加盐、葱、姜、白酒、胡椒粉码味，腌制入味待用；鱼片加盐、白酒、葱姜水、胡椒粉顺一个方向搅打出浆，然后加入蛋清搅打拌匀，加入适量红薯淀粉和生粉充分搅拌均匀，再加入适量清水和适量色拉油拌匀待用。（图 1-2-3）

2 菜肴烹调过程

（1）锅中加入清水、盐、胡椒粉、姜片、葱段、白酒熬出味，待汤沸出味倒入豆芽和笋丝略煮，断生后捞出控水，放入盆里垫底。大火烧开，加入鱼骨和鱼头煮透后捞出装盘垫底。

（2）再次烧沸汤汁，改中小火依次下鱼片入锅，待鱼片熟后连汤汁一起倒入盆中，表面撒上葱段、香料粉。

（3）起锅烧油至七成油温，加入干辣椒、干花椒炸香后迅速浇于菜的表面即可成菜。（图 1-2-4）

图 1-2-4

3 成菜特点

麻辣鲜香，油色红亮，滑嫩爽口。

三 成菜关键技术要点

1. 鱼片厚薄均匀，码味透彻。
2. 汤汁底味和汁量适宜。
3. 充分炒出辣椒和花椒的香味，使其充分融入汤汁中。
4. 炝油的温度适宜，避免温度过高使辣椒、花椒变苦。

四 延伸菜肴

水煮牛蛙，水煮泥鳅。

任务三

来凤鱼

一 菜肴简介

来凤鱼，源于重庆市璧山区来凤镇，以“麻、辣、烫、嫩、鲜”为主要特征。该菜肴把乡土气息和麻辣鲜香的融合表达得淋漓尽致，粗犷豪放，兼收并蓄。随着餐饮市场的不断发展，来凤鱼被赋予了独特的文化元素，在传承与创新中不断发展。

二 菜肴制作

（一）原料构成与准备（图 1-3-1）

主料： 花鲢鱼一尾1200 g。

辅料： 大葱20 g，小葱10 g。

调料： 干辣椒50 g，干花椒20 g，豆瓣酱15 g，麻辣鱼佐料20 g，花椒面2 g，青泡椒20 g，红泡椒15 g，泡姜10 g，老姜5 g，大蒜20 g，红薯淀粉15 g，白芝麻2 g，盐2 g，鸡精5 g，味精5 g，白糖5 g，料酒20 g，保宁醋5 g，生抽5 g，胡椒粉2 g，猪油、菜籽油适量。

图 1-3-1

（二）烹调加工成菜步骤

1 原料处理加工阶段（图1-3-2）

（1）姜、蒜去皮洗净切成姜蒜米，小葱去根去老叶洗净切葱花，大葱去根去老叶洗净切段，干辣椒切节去籽备用。

（2）青红泡椒、泡姜切成颗粒备用。

（3）鱼宰杀后去鳞、去内脏、去鱼鳃洗净，将鱼头剖开，鱼骨斩断成块，鱼肉砍成宽 2 厘米左右的块，冲水去除血渍后控干，加入盐、葱、姜、料酒、胡椒粉腌制备用。

图 1-3-2

2 菜肴烹调过程

（1）炙锅上火，下干辣椒、干花椒炒香呈枣红色，倒出冷却制作刀口辣椒备用。（图 1-3-3）

图 1-3-3

（2）炙锅下油升温至五成油温，加入适量干辣椒炒成枣红色，下干花椒炸香，下豆瓣酱、麻辣鱼佐料炒香出味出色，加入泡椒、泡姜粒用小火炒出香味，再加入姜蒜米炒香，随后加入刀口辣椒炒出颜色，并加入适量清水烧沸，改小火慢烧出味，加白糖、保宁醋、生抽调底味，加入大葱段、鱼块改中火烧至七成熟，加味精、鸡精调味，加红薯淀粉均匀勾芡，待淀粉充分糊化，均匀包裹在鱼块上时，起锅倒入盘中，在菜肴表面均匀撒上花椒面、大蒜米、刀口辣椒面。

图 1-3-4

（3）洗锅烧油至七成油温，加入干辣椒、干花椒后，迅速浇于菜肴表面炝香，撒上适量白芝麻和葱花即可成菜。（图 1-3-4）

3 成菜特点

麻辣鲜香，色泽红亮，滑嫩可口。

三 成菜关键技术要点

1. 鱼块大小均匀，便于入味和成熟。
2. 汤汁量把控恰当，便于收汁。
3. 中小火慢烧，调味适宜。
4. 锅中不宜过多搅动，保持鱼块形状完整。

四 延伸菜肴

香辣鸡、香辣兔。

任务四

太安鱼

一 菜肴简介

太安鱼，源于重庆市潼南区太安镇，俗称“坨坨鱼”。太安鱼具有鲜、咸、嫩、香、甜的特点，麻辣鲜香、松软鲜嫩，层次丰富。太安鱼是油炸鱼类烧制菜肴的典型代表，既保持了鱼肉的鲜嫩，又充分吸收了汤汁入味。

二 菜肴制作

（一）原料构成与准备（图1-4-1）

主料：花鲢鱼一尾1500 g。

辅料：白芹50 g，魔芋200 g。

调料：泡萝卜150 g，泡姜50 g，青泡椒100 g，红泡椒100 g，老姜20 g，蒜20 g，大葱20 g，干辣椒10 g，干花椒5 g，豆瓣酱20 g，红薯淀粉200 g，盐2 g，味精5 g，鸡精5 g，白糖10 g，料酒30 g，黄豆酱油10 g，胡椒粉2 g，花椒面2 g，芹菜叶少许，菜籽油、色拉油适量。

图1-4-1

（二）烹调加工成菜步骤

1 原料处理加工阶段

（1）大葱切葱段，白芹去根去叶洗净切段，魔芋切成条，姜、蒜去皮洗净拍破切成末备用。

（2）青泡椒切碎，红泡椒去籽切碎，泡姜、泡萝卜切粗丝备用。

（3）鱼宰杀后去鳞、去内脏、去鱼鳃洗净，将鱼头剖开砍成小块，鱼骨斩成小块，鱼肉砍成宽 2 厘米左右的块，冲水去除血渍后控干，加入盐、葱、姜、料酒、胡椒粉腌制 10 分钟，待入味后拣去葱、姜，加入湿红薯淀粉均匀上浆备用。（图 1-4-2）

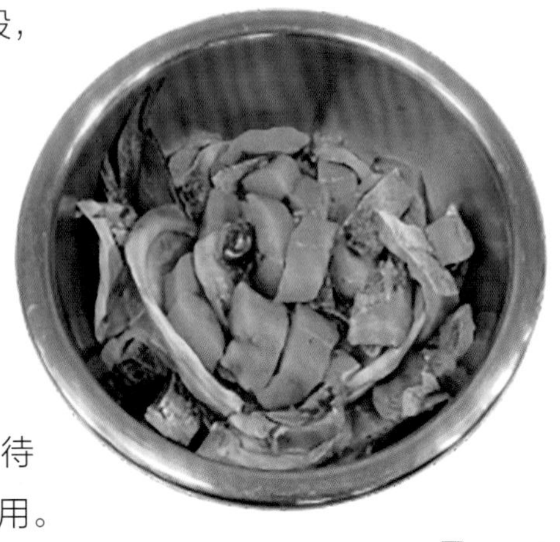

图1-4-2

2 菜肴烹调过程

（1）锅置火上，加入适量清水烧沸，加入适量料酒、盐，下魔芋焯水去除碱味，出锅控水待用。

（2）炙锅上火，下干辣椒、干花椒炒香呈枣红色，倒出冷却制作刀口辣椒备用。

（3）锅置火上，加入适量色拉油升温至六成油温，依次下鱼块炸至定型散开，捞出鱼块，油温重新升至七成时，倒入鱼块炸至表面金黄酥脆，捞出控油待用。（图 1-4-3）

图 1-4-3

（4）炙锅下适量菜籽油，加入姜蒜末炸香，加入干花椒炒香，下泡椒、泡姜、泡萝卜，豆瓣酱炒香出味，下刀口辣椒炒香出色，加入适量鲜汤烧沸，加白糖、盐、酱油调底味，改小火慢烧出味，再加入魔芋和鱼块改中小火慢烧至汤汁充分吸收，随后加味精、鸡精调味，改大火收汁，待水分快干时加入芹菜，起锅装盘，撒上花椒面、芹菜叶点缀成菜。（图1-4-4）

图1-4-4

3 成菜特点

麻辣鲜香，嫩而不烂，鲜而不腥，汤汁浓稠。

三 成菜关键技术要点

1. 鱼块大小均匀，便于成熟。
2. 红薯淀粉码芡浓度适中且均匀。
3. 炸鱼的油温控制恰当，复炸的色泽适宜，充分锁住鱼肉水分。
4. 烧制温度和时间控制恰当，使鱼肉粑软入味。

四 延伸菜肴

无。

任务五

邮亭鲫鱼

一 菜肴简介

邮亭鲫鱼，源于重庆市大足区邮亭镇，具有麻辣鲜嫩，汤浓色亮，香入肺腑的特点。该菜肴是在驿站兴起的乡土风味菜，以其味鲜、细嫩、酸辣、味浓的特点赢得广大的市场。

二 菜肴制作

（一）原料构成与准备（图 1-5-1）

主料：麻鲫鱼1000 g。

辅料：红泡椒200 g，泡萝卜150 g，榨菜50 g，泡姜50 g，小葱15 g，香菜5 g。

调料：豆瓣酱50 g，老姜20 g，干花椒10 g，盐3 g，味精5 g，白糖3 g，胡椒粉2 g，料酒20 g，生抽10 g，菜籽油适量。

图 1-5-1

（二）烹调加工成菜步骤

1 原料处理加工阶段（图1-5-2）

（1）老姜去皮洗净切姜米，小葱去根去老叶洗净，一半切葱花一半切段拍破，香菜洗净切小段备用。

（2）红泡椒去籽切片，泡萝卜切片，榨菜切片，泡姜切末备用。

（3）鲫鱼宰杀后去鳞、去内脏、去鱼鳃洗净，加入盐、葱段、姜、料酒、胡椒粉码味，腌制入味后拣去葱、姜备用。

图 1-5-2

2 菜肴烹调过程

（1）炙锅，下适量菜籽油，加入干花椒炒香，下泡椒、泡姜、泡萝卜、豆瓣酱炒香出色，烹入料酒增香，加入适量鲜汤烧沸，再加白糖、生抽调底味，改小火煨烧出味。

（2）倒入鲫鱼，烧沸后转小火焖烧 10 分钟左右，加入味精调味，连同汤汁起锅倒入盆中，撒上葱花和香菜段即可成菜。（图 1-5-3）

图 1-5-3

3 成菜特点

肉质绵软细嫩，汤汁麻辣，味道鲜香醇厚。

三 成菜关键技术要点

1. 鲫鱼大小适宜，处理干净。
2. 泡椒、泡姜、泡萝卜要用小火炒香出色，同时煨烧时间充足，保证汤汁味道浓郁。
3. 鲫鱼下锅焖煮的时间恰当，入味、鲜嫩，鱼形完整。
4. 吃鱼时拌上汤汁，这样味道更加浓厚。

四 延伸菜肴

无。

任务六

鼎盛飞龙鱼

一 菜肴简介

鼎盛飞龙鱼是徐鼎盛的三大招牌菜之一，同时也是徐鼎盛非遗菜品赋予菜品以中国独特的龙文化，形似飞龙，翱翔天际。该菜肴的创意来源于民间的脆皮鱼，把色、香、味、形极致融合而成，外酥里嫩，酸甜适中，老少皆宜。

二 菜肴制作

（一）原料构成与准备（图1-6-1）

主料：草鱼一尾1000 g。

辅料：山药200 g，鸡蛋2个。

调料：蒜10 g，番茄酱100 g，盐10 g，味精5 g，生粉150 g，白糖100 g，醋30 g，熟芝麻5 g，水淀粉少许，色拉油适量。

图1-6-1

（二）烹调加工成菜步骤

1 原料处理加工阶段

（1）山药去皮洗净切块泡水备用，大蒜去皮切颗粒。（图1-6-2）

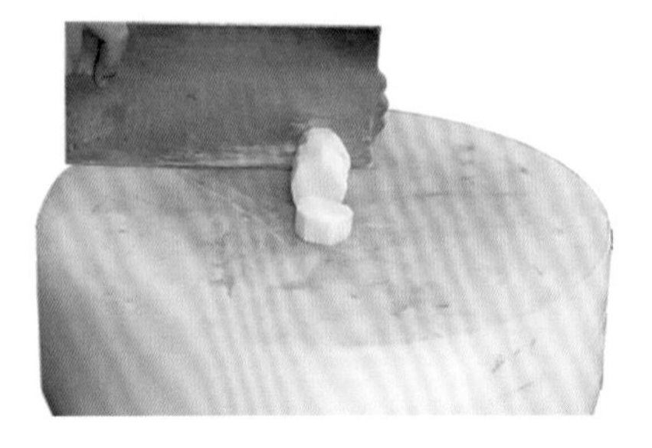

图1-6-2

（2）草鱼宰杀后去鳞、内脏、鱼鳃洗净，整形。（图1-6-3）

图1-6-3

2 菜肴烹调过程

（1）全蛋糊调制：鸡蛋150 g，盐10 g，味精5 g，鸡蛋搅打起泡，加入生粉150 g。

（2）全蛋糊均匀裹在鱼上，撒上干生粉。（图1-6-4）

（3）山药裹上生粉。

图1-6-4

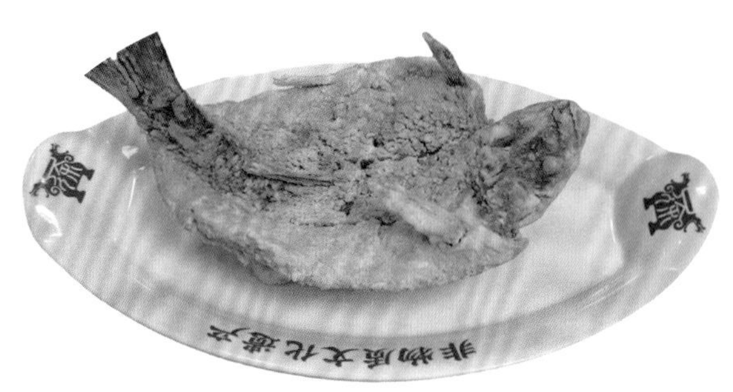

图 1-6-5

（4）锅置火上，加入色拉油升温至六成油温，下山药炸透捞出备用。

（5）提住鱼尾，抖掉多余生粉，下入油锅炸制，用炒勺勾住鱼尾，小火炸至定型。（图 1-6-5）

（6）炙锅下油升温至五成油温，下蒜米炒香，加入番茄酱，炒成棕红色后，下白糖炒至翻沙状，再加少许清水，加醋、少许调味盐，加少许水淀粉勾芡，烹入热油。（图 1-6-6）

（7）浇上汁水，撒上熟芝麻即可成菜。（图 1-6-7）

图 1-6-6

图 1-6-7

3 成菜特点

外酥里嫩，鲜香醇厚，酸甜味浓。

三 成菜关键技术要点

1. 原料成型，刀工处理细致。
2. 炸鱼的温度控制恰当，恒温炸至外酥里嫩，色泽金黄。
3. 调料要充分，要炒出红亮色，调味要适宜。

四 延伸菜肴

无。

任务七

豆腐鱼

一 菜肴简介

豆腐鱼，源于重庆市北碚区三溪口镇。以其滑嫩可口、麻辣鲜香的特点而闻名，把滑嫩的豆腐与鲜嫩的鱼佐以麻辣调料烹制而成。经过一代代的改良与创新，已形成了独特的豆腐鱼文化。

二 菜肴制作

（一）原料构成与准备（图 1-7-1）

主料： 花鲢一尾1200 g。

辅料： 豆腐500 g。

调料： 花生20 g，小葱20 g，青泡椒15 g，红泡椒10 g，豆瓣酱150 g、刀口辣椒面10 g，干青花椒5 g，盐5 g，姜20 g，蒜15 g，鸡精5 g，味精5 g，胡椒粉20 g，白酒20 g，啤酒330 mL，红薯淀粉20 g，白糖2 g，酱油5 g，醋3 g，花椒面少许，猪油、菜籽、色拉油适量。

图 1-7-1

(二)烹调加工成菜步骤

1 原料处理加工阶段(图1-7-2)

(1)豆腐改成 0.5 厘米左右厚度的块放水中浸泡备用。

(2)姜、蒜剁成末,小葱去根去老叶洗净,一半切成葱花,一半拍破备用。

(3)红泡椒对半切开,去籽切成颗粒,青泡椒切成颗粒备用。

(4)将鱼去鳞、去鳃、去内脏、清除黑膜,清洗干净,鱼头破开,鱼骨砍成段,鱼肉砍成宽 1.5 厘米左右的块,用清水冲洗干净血水,加入白酒、盐、葱、姜码味备用。最后加入适量的红薯淀粉上浆,鱼肉均匀裹上红薯淀粉备用。

图 1-7-2

2 菜肴烹调过程

(1)炙锅加入色拉油,放入花生进行小火慢酥,待锅中油由混变清即可捞出沥油备用。

(2)锅中加入色拉油烧至七成油温,把鱼块依次放入锅中炸至定型散开后,捞出控油待用。

(3)锅中加入适量猪油和菜籽油升温至四成油温,加入干青花椒和姜蒜末炒香,下泡椒炒出香味,然后加入豆瓣炒至红亮,再加入刀口辣椒面炒香出色,加适量高汤,加入酱油、醋、白糖、盐调底味。把炸好的鱼肉倒入锅中,加入半瓶啤酒,烧沸后改

图1-7-3

小火慢烧 5 分钟左右，鱼肉入味时加入豆腐，豆腐烧入味时加入鸡精、味精调味，勾入少量淀粉，起锅装盘，撒上适量花椒面和刀口辣椒面。

（4）洗锅烧油至七成油温，加入干花椒后，一起浇到表面，撒上少许葱花和花生即可。（图 1-7-3）

3 成菜特点

色泽棕红，咸鲜微辣，椒香浓郁，滑爽细嫩。

三 成菜关键技术要点

1. 鱼块大小均匀，便于成熟入味。
2. 鱼块码味充足，上浆均匀。
3. 汤汁底味适宜，烧制时间恰当。
4. 炸制鱼块的油温控制恰当，炝油的温度恰当，香而不燥。

四 延伸菜肴

豆花鱼，豆花肉片。

任务八

美蛙鱼

一 菜肴简介

美蛙鱼，是重庆市井餐饮的一张名片，因其肥滑软糯的鱼肉和细嫩入味的美蛙，再加上辣而不燥、香而不腻的汤底而闻名。美蛙鱼的独特之处在于它将鲢鱼头与美蛙完美结合，让人品尝到了双重鲜味：鱼肉质鲜嫩，口感滑爽；美蛙则肉质饱满，口感弹嫩。这两种食材的结合，让美蛙鱼呈现出一种独特的口感，辣椒和花椒在热油中碰撞，使其味道鲜美、辣而不燥，让人回味无穷。

二 菜肴制作

（一）原料构成与准备（图 1-8-1）

主料：花鲢鱼1200 g，鲜活美蛙1500 g。

辅料：涪陵榨菜200 g，小葱20 g，香菜10 g。

调料：干辣椒10 g，干青花椒3 g，干红花椒3 g，麻辣火锅底料350 g，豆瓣酱100 g，香辣酱50 g，老姜30 g，大蒜30 g，料酒20 g，盐10 g，鸡精10 g，盐5 g，酱油20 g，醋10 g，味精10 g，白糖5 g，胡椒粉5 g，葱姜水、淀粉、猪油、菜籽油、色拉油适量。

图1-8-1

（二）烹调加工成菜步骤

1 原料处理加工阶段（图1-8-2）

（1）姜、蒜去皮洗净，老姜切片，大蒜拍破，小葱去根、去老叶洗净切段，香菜去根洗净切段，涪陵榨菜切片备用。

（2）美蛙宰杀，去头、去皮、去内脏清洗干净后，切成块。花鲢鱼去鳞、去鳃、去内脏清洗干净，鱼尾改成燕尾型，取鱼头对半破开，鱼骨和鱼腹砍成块，鱼肉切成片。清水冲洗蛙肉和鱼头、鱼骨，去除血水，控水，加入料酒、盐、葱、姜、胡椒粉腌制。鱼肉中加入盐、胡椒粉、料酒、葱姜水，充分搅打起浆时加入适量淀粉上浆，加入少许色拉油。

图 1-8-2

2 菜肴烹调过程

图 1-8-3

（1）锅置火上，加入适量猪油和菜籽油，下干花椒炒香，再放入姜、蒜炒香出味，下豆瓣酱、香辣酱充分炒至味道融合，放入火锅底料炒融化，倒入榨菜炒香，至色泽红亮。烹入料酒增香，加入适量鲜汤烧沸后，加盐、酱油、醋和白糖调底味，中小火烧至汤汁味浓，放入鱼骨和鱼头煮熟后，加味精、鸡精调味，依次放入美蛙和鱼片，待煮至六成熟时，推转均匀后起锅装入盆中。

（2）洗锅，下菜籽油烧至七成油温，放入干辣椒、干青花椒炸香，起锅浇于盆中，撒上葱段和香菜段即可成菜。（图 1-8-3）

3 成菜特点

美蛙鲜嫩有弹性，鱼肉软糯可口，汤汁麻辣醇香。

三 成菜关键技术要点

1. 美蛙和鱼肉的腌制去腥得当，底味充足。
2. 汤汁底味调味适宜，麻辣醇香。
3. 美蛙和鱼片煮至六成熟即可出锅，控制菜肴鲜嫩度。
4. 干辣椒、干花椒炝油温度恰当，过高易糊，过低无味。

四 延伸菜肴

无。

任务九

金汤养生乌鱼片

一 菜肴简介

金汤养生乌鱼片是以鲜活乌鱼配以独特的酸汤，熬炖而出。该菜肴鱼肉鲜美且滑嫩，酸辣开胃。

二 菜肴制作

（一）原料构成与准备（图 1-9-1）

主料：乌鱼400 g。

辅料：金针菇100 g，青笋头100 g。

调料：自制调料，红小米辣10 g，小葱15 g，盐10 g，味精5 g，料酒10 g，生粉15 g。

图 1-9-1

（二）烹调加工成菜步骤

图 1-9-2

1 原料处理加工阶段（图1-9-2）

（1）小葱切葱花，红小米辣切丁，青笋头切片，金针菇去尾撕开备用。

（2）宰杀乌鱼洗净改片，加入盐、味精、料酒码味，最后加入生粉上浆备用。

2 菜肴烹调过程

（1）锅置火上，加入适量清水，烧开下金针菇、青笋片，断生即可捞出垫底。

（2）锅置火上，加入适量清水，烧开，下入乌鱼片断生起锅，装盘。

（3）锅中加入适量清水，烧开，加入自制调料，烧开，倒入盘中，撒上红小米辣、葱花即可成菜。（图1-9-3）

图 1-9-3

3 成菜特点

鱼肉鲜嫩，酸辣开胃。

三 成菜关键技术要点

1. 乌鱼鲜活，切片大小适宜。
2. 配菜鲜嫩。

四 延伸菜肴

金汤肥牛。

任务十

重庆烤鱼

一 菜肴简介

重庆烤鱼起源于重庆巫溪，发扬于重庆万州。万州烤鱼采用先烤香后炖熟的独特烹调工艺，充分融合两种工艺成菜，并借鉴川菜和火锅工艺的用料特点进行创新发展，以麻辣鲜香、层次分明著称。万州烤鱼形成独特的风格，其影响与日俱增，声名远播。

二 菜肴制作

（一）原料构成与准备（图 1-10-1）

主料：草鱼一尾1500 g。

辅料：洋葱30 g，豆芽50 g，黄瓜100 g，马铃薯100 g，水发豆皮100 g，竹笋100 g，莲藕150 g，水发木耳100 g，魔芋150 g。

调料：干辣椒15 g，干花椒10 g，老姜15 g，大蒜20 g，小葱20 g，香菜10 g，豆瓣酱30 g，香辣酱200 g，啤酒330 mL，盐3 g，鸡精5 g，味精5 g，白糖5 g，保宁醋5 g，料酒50 g，香料粉5 g，孜然粉5 g，胡椒粉5 g，花椒粉5 g，菜籽油、色拉油、红油适量。

图 1-10-1

（二）烹调加工成菜步骤

1 原料处理加工阶段

（1）魔芋洗净切片，马铃薯切条，竹笋切片，莲藕去皮洗净切厚片，洋葱切块，小葱、香菜洗净切段，姜、蒜去皮洗净切成姜蒜粒，黄瓜切条，水发豆皮、木耳撕成片，豆芽去根洗净，备用。（图 1-10-2）

（2）草鱼宰杀后去鳞、去鳃，背部开刀，鱼头破开，去内脏、内膜和牙齿，斩断脊骨，背部剞一字花刀，洗净血水，加入盐、料酒、胡椒粉、葱姜腌制入味，备用。（图 1-10-3）

图 1-10-2

图 1-10-3

2 菜肴烹调过程

图 1-10-4

（1）擦干草鱼表面水分，均匀涂上色拉油放入烤盘，置入火温 250 ℃的烤箱中，途中分次刷上菜籽油，烤至表面金黄焦香待用。（图 1-10-4）

（2）取一烤盘，底部放入竹笋、洋葱、木耳、豆皮、魔芋、豆芽。锅置火上，倒入炸好的辅料铺平待用。下色拉油升温至六成油温，将马铃薯、莲藕与黄瓜一起倒入油锅中炸至断生，捞出控油。

（3）锅置火上，下适量菜籽油和红油升温至六成油温，加入干辣椒、干花椒炒香，下姜蒜粒炒香出味，再加入豆瓣酱、香辣酱混合炒香出味出色，倒入啤酒和适量鲜汤，加入盐、鸡精、味精、白糖、保宁醋调底味，烧沸后加入烤鱼略烧入味，连同汤汁一起倒入烤盘。

（4）在烤鱼表面撒上花椒面、孜然粉、香料粉，再放入香菜和葱段，加入炭火上桌即可成菜。（图 1-10-5）

图 1-10-5

3 成菜特点

色泽金黄，麻辣鲜香。

三 成菜关键技术要点

1. 草鱼的腌制要入味。
2. 烤鱼时的温度要恰当。
3. 汤底调味要把握恰当。
4. 炝油的温度要控制恰当。

四 延伸菜肴

泡椒烤鱼，蒜香烤鱼，五香烤鱼。

任务十一

鼎盛馋嘴蛙

一 菜肴简介

鼎盛馋嘴蛙是麻辣味型的一道菜品，其成菜特点是集麻辣鲜香于一体，蛙肉细嫩鲜美，丝瓜清香回甜。

二 菜肴制作

（一）原料构成与准备（图1-11-1）

主料：牛蛙500 g。

辅料：丝瓜300 g，花菜150 g。

调料：自制调料200 g，青小米辣20 g，红小米辣20 g，小葱20 g，干青花椒15 g，盐15 g，鸡精5 g，味精5 g，料酒10 g，淀粉15 g，菜籽油适量。

图1-11-1

（二）烹调加工成菜步骤

1 原料处理加工阶段（图1-11-2）

图 1-11-2

（1）丝瓜去皮洗净改刀为长 5 厘米左右的条，花菜改刀，青、红小米辣切成颗粒，小葱切葱花，备用。

（2）牛蛙去头去皮洗净切条，加盐、鸡精、味精、料酒腌制入味，加入适量淀粉均匀上浆，备用。

2 菜肴烹调过程

（1）锅中加入适量菜籽油，升温至八成油温，下丝瓜、花菜炸至断生待用，下牛蛙炸至表面紧实。

（2）炸制后的丝瓜、花菜垫底备用。

（3）加入清水，下自制调料，烧开后下牛蛙，小火煮1分钟左右，入味后起锅装盘。（图 1-11-3）

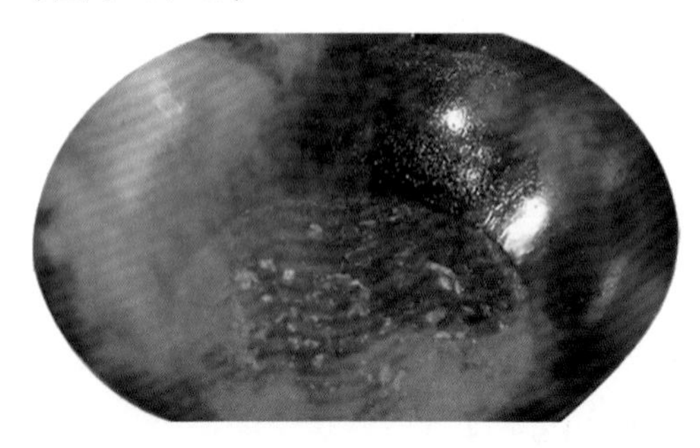
图1-11-3

（4）锅置火上，下适量菜籽油。油温烧至五成油温，下青花椒、青红小米辣，炸香起锅浇于牛蛙表面，撒上葱花即可成菜。（图 1-11-4）

图 1-11-4

3 成菜特点

鲜醇麻香，肉质鲜嫩。

三 成菜关键技术要点

1. 丝瓜炸至八成熟即可。
2. 蛙肉煮至软糯细嫩即可出锅。

四 延伸菜肴

椒麻馋嘴兔，椒麻飘香鸡。

任务十二

辣子田螺

一 菜肴简介

辣子田螺通过不断的改良与创新，在满足麻辣鲜香的特点上，保留了田螺的脆嫩，是大排档或佐酒菜的首选。

二 菜肴制作

（一）原料构成与准备（图 1-12-1）

主料：田螺1000 g。

辅料：小葱10 g，干灯笼椒100 g，干“石柱红”辣椒50 g。

调料：干青花椒5 g，干红花椒5 g，豆瓣酱20 g，香辣酱10 g，姜20 g，蒜20 g，白酒20 g，啤酒330 mL，味精10 g，白糖5 g，胡椒粉2 g，五香粉5 g，蚝油5 g，生抽5 g，熟白芝麻5 g，猪油、菜籽油适量。

图 1-12-1

（二）烹调加工成菜步骤

1 原料处理加工阶段

（1）小葱洗净切成葱花，姜、蒜去皮洗净切颗粒，干辣椒切节去籽，干灯笼椒对半切开，备用。（图 1-12-2）

（2）田螺放入清水加菜油让田螺吐沙，待充分吐尽后清洗干净，备用。

（3）锅置火上烧水，待沸腾后加入老姜，再倒入田螺，加入适量白酒，焯水，待田螺浮起时捞出，清水浸泡冲凉，用剪刀剪去田螺底部备用。

图 1-12-2

2 菜肴烹调过程

（1）锅置火上，加入适量猪油和菜籽油，下干辣椒、干灯笼椒、干花椒炒香，再下姜蒜粒炒香，加入豆瓣酱、香辣酱充分融合炒香出色出味。

（2）倒入田螺翻炒，烹入白酒去腥，待翻炒均匀后倒入啤酒和适量清水，加生抽、蚝油、白糖、五香粉、胡椒粉调底味，大火烧沸后转中小火慢烧至入味，大火收汁，待水分余下四分之一时起锅装入盘中，撒上葱花和芝麻即可成菜。（图 1-12-3）

图 1-12-3

3 成菜特点

肉质脆嫩，麻辣鲜香，味厚味浓，嚼劲十足。

三 成菜关键技术要点

1. 田螺现焯水现炒，最大限度保持其鲜嫩。
2. 田螺爆炒至肉质紧缩即可，保持其脆嫩度。
3. 小火慢烧入味。

四 延伸菜肴

辣子蛏子王，辣子元贝。

任务十三

手撕盘龙鳝

一 菜肴简介

手撕盘龙鳝是重庆市井大排档中的一道特色佐酒菜品。盘龙黄鳝的口感十分独特，味道鲜美，酥脆爽口，回味悠长。

二 菜肴制作

（一）原料构成与准备（图 1-13-1）

主料：野生小鳝鱼500 g。

辅料：无。

调料：小葱10 g，老姜10 g，大蒜20 g，干辣椒250 g，干红花椒10 g，熟白芝麻3 g，芝麻香油5 g，香料粉3 g，盐10 g，味精5 g，白糖3 g，鸡精10 g，酱油5 g，料酒20 g，刀口辣椒10 g，菜籽油适量。

图 1-13-1

（二）烹调加工成菜步骤

1 原料处理加工阶段

（1）姜、蒜去皮洗净，拍破切成颗粒，小葱去根、去老叶洗净切成葱花，干辣椒切节去籽，备用。

（2）锅中放入菜籽油烧至六成油温，放入鳝鱼，取一锅盖立即盖上，1 分钟后改为中火炸至外焦里嫩，捞出控油备用。（图 1-13-2）。

图 1-13-2

2 菜肴烹调过程

（1）锅中留适量菜籽油，放入干辣椒、干花椒炒香，再加入姜蒜炒香后加入刀口辣椒，倒入炸好的黄鳝，煸炒至干香。

（2）加入盐、白糖打底味，再加入酱油、料酒、味精、鸡精翻炒均匀，淋入香油，撒上香料粉、葱花爆香，再撒上白芝麻炒匀，起锅装盘成菜。（图 1-13-3）

图 1-13-3

3 成菜特点

咸鲜麻辣，酥香细嫩，鳝鱼形似盘龙。

三 成菜关键技术要点

1. 炸黄鳝的油温要高，使其不粘连。
2. 辣椒与鳝鱼的煸炒温度与时间把控恰当。

四 延伸菜肴

无。

任务十四

鲜椒土鳝鱼

一 菜肴简介

鲜椒土鳝鱼是近年来重庆市场的创新菜肴。该菜肴利用江津区先锋镇天然独特的青花椒，辅以青小米辣，融入特色泡椒烹制而成。其特点是麻辣鲜香，风味独特，脆嫩爽口。随着餐饮业发展的日新月异，土货土菜与各类烹调技法和多重调味的碰撞，已将此类创新菜推向更远的市场。

二 菜肴制作

（一）原料构成与准备（图 1-14-1）

主料：鳝鱼600 g。

辅料：青小米辣20 g，鲜青花椒30 g，子姜10 g，老姜20 g，蒜15 g。

调料：泡姜5 g，味精5 g，白糖3 g，胡椒粉2 g，干青花椒5 g，料酒10 g，藤椒油5 g，盐5 g，猪油、菜籽油适量。

图 1-14-1

（二）烹调加工成菜步骤

1 原料处理加工阶段（图1-14-2）

（1）姜、蒜去皮洗净拍破切粒，泡姜切片，青小米辣去梗洗净对半切，子姜洗净切片，备用。

（2）鳝鱼去头、去骨改刀成片，清水漂洗，洗去血水和黏液，加少许盐、料酒、胡椒粉码味备用。

图 1-14-2

2 菜肴烹调过程

（1）锅中加入适量猪油和菜籽油升温至六成油温，加入姜蒜粒爆香，再下干青花椒、子姜和青小米椒炒出香味。

（2）开大火，倒入鳝鱼片快速翻炒均匀，烹入料酒增香，倒入鲜青花椒翻炒均匀，加盐、味精、白糖、藤椒油调味，翻炒均匀出锅成菜。（图1-14-3）

图1-14-3

3 成菜特点

麻辣鲜香，肉质脆嫩，风味独特。

三 成菜关键技术要点

1. 爆炒一锅成菜，大火快炒。
2. 调味适宜，配菜颜色丰富。

四 延伸菜肴

鲜椒泥鳅片，鲜椒毛肚。

任务十五

香辣小龙虾

一 菜肴简介

香辣小龙虾是重庆夏天夜市大排档中深受喜爱的一道下酒菜，其特点是色泽红亮，质地滑嫩，滋味香辣。

二 菜肴制作

（一）原料构成与准备（图 1-15-1）

主料：小龙虾1200 g。

辅料：小葱20 g。

调料：姜20 g，蒜30 g，干辣椒20 g，干花椒10 g，豆瓣酱50 g，香辣酱30 g，火锅底料100 g，啤酒500 mL，盐10 g，鸡精20 g，味精20 g，胡椒粉10 g，十三香20 g，白糖10 g，红油、菜籽油适量。

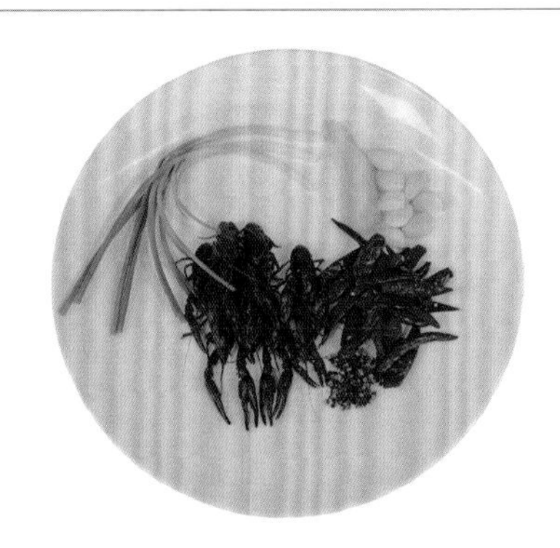

图 1-15-1

（二）烹调加工成菜步骤

1 原料处理加工阶段

（1）小葱切段备用。

（2）姜、蒜去皮洗净拍破切大颗粒，干辣椒切段备用。

（3）小龙虾去虾线和尖嘴触须部分，用刷子将其腹部和背部清洗干净备用。（图1-15-2）

图1-15-2

2 菜肴烹调过程

（1）锅中加入适量菜籽油，升温至六成油温，下小龙虾炸至外酥里嫩，色泽红亮，捞出控油待用。

（2）锅中留适量菜籽油，加入红油，再加入干花椒、干辣椒炒香，下姜蒜粒爆香，加入豆瓣酱、香辣酱、火锅底料充分炒均匀，炒出香味出红亮色。倒入小龙虾爆炒均匀，烹入啤酒，加入盐、鸡精、味精、白糖、胡椒粉、十三香调底味，小火慢烧5分钟左右，放入小葱段，待汤汁收浓后，起锅装入盘中成菜。（图1-15-3）

图1-15-3

3 成菜特点

色泽红亮，质地滑嫩，滋味香辣。

三 成菜关键技术要点

1. 小龙虾要去除虾线和头部沙包，否则影响菜品质量。
2. 小火慢烧入味，注意味道的调和。

四 延伸菜肴

蒜蓉小龙虾，五香小龙虾，麻辣小龙虾。

模块二 家禽类菜肴

渝味江湖菜

任务一

尖椒鸡

一 菜肴简介

尖椒鸡，源于重庆市江津区，是江津区级非物质文化遗产，极具历史文化传承价值。尖椒鸡是在传统“海椒鸡”的基础上，结合现代餐饮技法不断改良而成，形成了以“麻、辣、嫩”为特点的江湖菜。该菜肴选用色泽鲜艳、辣度纯正的朝天椒，配以果实清香、麻味纯正的江津九叶青花椒炒制而成，食时，麻辣、鲜香、酥嫩在舌尖味蕾上共舞。

二 菜肴制作

（一）原料构成与准备（图 2-1-1）

主料：跑山鸡半只1000 g。

辅料：朝天椒500 g，红小米辣50 g。

调料：老姜20 g，大蒜30 g，鲜青花椒20 g，干青花椒50 g，大葱20 g，盐5 g，味精10 g，白糖5 g，料酒30 g，胡椒粉5 g，生抽5 g，藤椒油15 g，菜籽油适量。

图 2-1-1

（二）烹调加工成菜步骤

1 原料处理加工阶段（图2-1-2）

（1）朝天椒和红小米辣去梗洗净切颗粒，姜、蒜去皮拍破切大颗粒，备用。

（2）鸡肉洗净砍成 1.5 厘米左右大小的丁，加盐、胡椒粉、料酒、姜、葱码味 10 分钟，拣去葱姜备用。

图 2-1-2

2 菜肴烹调过程

（1）锅置火上，加入适量菜籽油升温至七成油温，倒入码好味的鸡丁炸至散籽紧实，捞出控油待用。

（2）锅中加入适量菜籽油升温至六成油温，下干花椒炸香，加入姜蒜粒、鲜青花椒炒香出味，倒入三分之二的青红小米辣翻炒出味，再倒入鸡丁，烹入料酒，煸炒均匀，加生抽、白糖调底味，翻炒均匀，倒入剩余的青红小米辣，加味精、藤椒油调味，大火翻炒均匀，出锅装盘成菜。（图 2-1-3）

图 2-1-3

3 成菜特点

质地酥嫩，麻辣鲜香，鲜椒浓郁，鸡丁均匀。

三 成菜关键技术要点

1. 辣椒、花椒与鸡肉的比例适宜。
2. 鸡肉码味充足，过油的老嫩度恰当。
3. 朝天椒与青、红小米辣分两次下锅，味道和颜色兼具。

四 延伸菜肴

尖椒兔，尖椒蛙，花甲尖椒鸡。

任务二

泉水鸡

一 菜肴简介

泉水鸡，源于重庆南山，因用料独特、麻辣味足、鲜酥爽口且价格实惠而深受食客青睐。泉水鸡一般“一鸡三吃”：香菇烧土鸡，泡椒炒鸡杂，鸡血煮清汤。随着新派重庆菜的兴起，泉水鸡近年来在川渝地区广为流行，成菜香辣可口，回味无穷。

二 菜肴制作

（一）原料构成与准备（图 2-2-1）

主料：跑山鸡1只2000 g。

辅料：干香菇150 g，小葱20 g。

调料：老姜20 g，大蒜30 g，干花椒20 g，干辣椒30 g，盐5 g，味精10 g，白糖10 g，鸡精10 g，胡椒粉2 g，花椒面3 g，醋3 g，十三香5 g，豆瓣酱50 g，香辣酱30 g，料酒20 g，火锅底料20 g，啤酒500 mL，菜籽油、红油、色拉油适量。

图 2-2-1

（二）烹调加工成菜步骤

1 原料处理加工阶段

（1）干香菇开水泡发后，洗净对剖，小葱切段，姜、蒜去皮洗净切成大颗粒，干辣椒切段，备用。（图2-2-2）

（2）鸡肉燎皮洗净砍成块，加盐、料酒、葱、姜码味，腌制入味后，拣去葱姜备用。

图2-2-2

2 菜肴烹调过程

（1）锅中加入适量菜籽油、红油、色拉油，升温至六成油温，加适量干辣椒、干花椒炒香，下姜蒜粒炒香，再下豆瓣酱、香辣酱、火锅底料，小火充分炒匀出色出味。放入跑山鸡煸炒出味后，加入清水。（图2-2-3）

图2-2-3

（2）加入盐、鸡精、味精、白糖、胡椒粉、花椒面、醋、啤酒、十三香调味。烧沸后放入香菇，改中小火慢烧至粑软，收干水分，出锅装盘撒上葱段即可成菜。（图2-2-4）

图2-2-4

3 成菜特点

麻辣鲜香，辣而不燥，肉质酥软鲜香。

三 成菜关键技术要点

1. 酱料小火炒制，使味道充分释放。
2. 鸡肉爆炒至水干吐油，肉质紧缩。
3. 烧制时间足够，使肉质酥软离骨。

四 延伸菜肴

泉水兔。

任务三

梁山鸡

一 菜肴简介

梁山鸡，源于重庆市渝中区李子坝，凭借着“精选上等食材，遵循独创工艺，追求极致味道”的烹调准则赢得了口碑。该菜肴结合中国饮食养生的药膳文化，采用中药调味，利用焖制工艺，融合现代营养学，使主辅调料入味彻底，形成了独特的药香麻辣味型。成菜口味浓厚，肉质粑软，回味无穷。

二 菜肴制作

（一）原料构成与准备（图 2-3-1）

主料： 跑山鸡半只1500 g。

辅料： 芋儿300 g，香菜20 g，小葱20 g。

调料： 老姜30 g，大蒜50 g，党参150 g，枸杞20 g，大枣50 g，干花椒20 g，豆瓣酱50 g，香辣酱30 g，火锅底料50 g，盐10 g，味精15 g，鸡精10 g,白糖5 g，胡椒粉10 g，醋5 g，料酒10 g，菜籽油、红油适量。

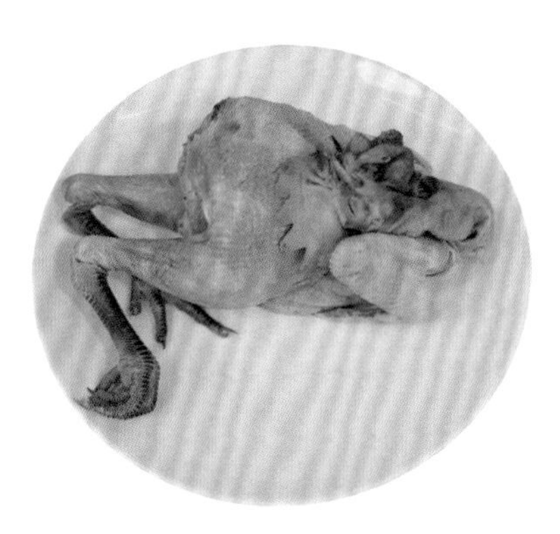

图 2-3-1

（二）烹调加工成菜步骤

1 原料处理加工阶段

（1）芋儿去皮洗净对剖切块泡水，小葱切段，香菜切段，姜、蒜去皮洗净切颗粒，备用。（图 2-3-2）

（2）跑山鸡燎皮洗净砍成块，加盐、料酒、胡椒粉、葱、姜码味，腌制入味，拣去葱姜备用。

图 2-3-2

2 菜肴烹调过程

（1）锅中加入适量菜籽油、红油，下姜蒜颗粒炒香出味后，加入花椒爆香。再加入豆瓣酱、香辣酱、火锅底料等酱料小火炒至融合出味出色。

（2）倒入鸡肉块爆炒至水干吐油后，再加入清水，下党参、大枣、枸杞、芋儿，加入盐、白糖、味精、鸡精、醋、料酒进行调味，改小火烧制 20 分钟。

（3）出锅装入锅盆中，撒上香菜、葱段即可成菜。（图 2-3-3）

图 2-3-3

3 成菜特点

药香浓郁，麻辣鲜香，肉质软糯。

三 成菜关键技术要点

1. 小火炒制酱料，使酱料充分融合，释放味道。
2. 鸡肉爆炒至水干，吐油紧缩。
3. 焖烧时间足够，使肉质药香浓郁。

四 延伸菜肴

无。

任务四

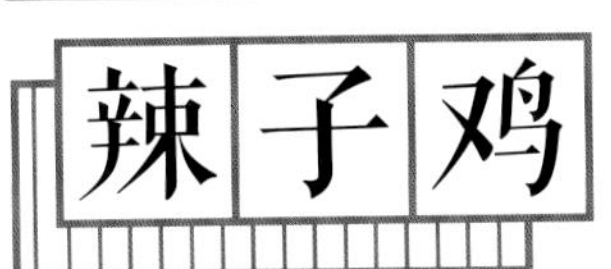

辣子鸡

一 菜肴简介

辣子鸡具有色泽艳丽、麻辣干香、鸡肉酥脆的特点。辣子鸡初为干煸技法制作而成，鸡块较大，肉质紧实，后根据市场需求不断演化，成为别具一格的风味川菜代表之一。

二 菜肴制作

（一）原料构成与准备（图 2-4-1）

主料：跑山鸡半只1000 g。

辅料：干辣椒200 g，干花椒50 g，老姜10 g，大蒜10 g，小葱20 g。

调料：白芝麻5 g，“石柱红”辣椒100 g，辣椒面20 g，酱油10 g，盐5 g，味精10 g，鸡精10 g，料酒15 g，生粉15 g，辣鲜露10 g，白糖2 g，胡椒粉3 g，香料粉10 g，菜籽油适量。

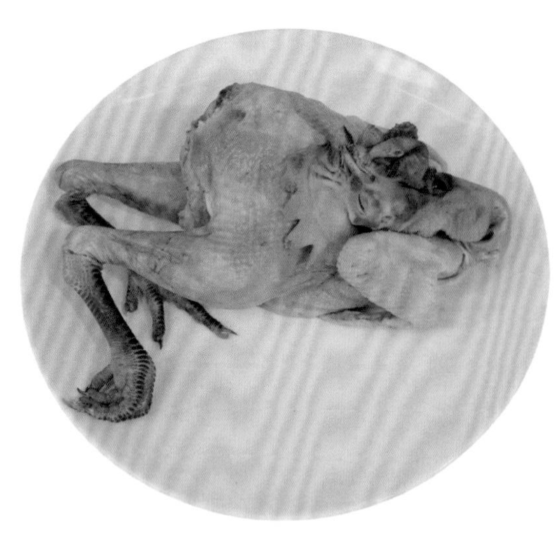

图 2-4-1

（二）烹调加工成菜步骤

1 原料处理加工阶段（图2-4-2）

（1）姜、蒜去皮洗净拍破，切成小颗粒，小葱切葱花，干辣椒切段去籽，备用。

（2）鸡肉砍成 1 厘米左右大小的丁，加入盐、鸡精、胡椒粉、料酒腌制入味，再放入生粉腌制 5 分钟待用。

图 2-4-2

2 菜肴烹调过程

（1）锅中加入适量菜籽油升温至六成油温，下鸡丁炸散至金黄酥脆，待表皮收紧有脆感后，起锅控油待用。（图 2-4-3）

图 2-4-3

（2）锅中加入适量菜籽油，下干辣椒、“石柱红”辣椒（比例为 2 ：1）小火慢炒至棕红色时，加入干花椒爆香。下姜蒜粒炒香，加入辣椒面炒匀，再倒入鸡丁煸炒至麻辣入味，加入适量的盐、味精、鸡精、白糖、胡椒粉、料酒、辣鲜露调味，翻炒均匀，再加入香料粉，撒上白芝麻、葱花翻炒，即可出锅装盘成菜。（图 2-4-4）

图 2-4-4

3 成菜特点

鸡丁大小均匀，麻辣干香，肉质酥香。

三 成菜关键技术要点

1. 鸡丁大小要均匀，控制成熟度。
2. 鸡丁腌制要入味，后期不易进盐味。
3. 炸鸡丁的油温控制恰当（下锅即紧皮），炸至外酥里嫩。
4. 混合煸炒时小火慢炒至味道融入鸡丁中。

四 延伸菜肴

辣子兔。

任务五

花椒鸡

一 菜肴简介

花椒鸡利用青花椒的清香麻味，配以小米辣的鲜辣味，把椒香与麻香融进鸡肉纤维中，形成独特的麻辣鲜香的风味。成菜将大麻大辣表现得淋漓尽致，一举奠定了其在重庆创新菜中的地位。

二 菜肴制作

（一）原料构成与准备（图 2-5-1）

主料：跑山鸡半只1000 g。

辅料：鲜青花椒200 g，青小米辣100 g，大葱50 g。

调料：干青、红花椒20 g，老姜30 g，大蒜30 g，盐5 g，味精10 g，鸡精10 g，胡椒粉3 g，白糖5 g，辣鲜露5 g，料酒50 g，淀粉20 g，猪油、色拉油、菜籽油适量。

图 2-5-1

（二）烹调加工成菜步骤

图 2-5-2

① 原料处理加工阶段（图2-5-2）

（1）青小米辣去梗洗净斜刀切段，姜、蒜去皮洗净拍破切颗粒，大葱切段，备用。

（2）鸡肉燎皮洗净砍成 1 厘米左右大小的丁，加盐、鸡精、料酒、胡椒粉码味，待味道充分融入后加适量水淀粉，上薄浆封油备用。

② 菜肴烹调过程

（1）锅置火上，下色拉油升温至六成油温，放入鸡丁滑散并炸至紧缩，捞出控油待用。

（2）锅置火上，加入适量猪油和菜籽油，升温至六成油温，下姜、蒜炒香出味，再加干花椒炸香，倒入鲜青花椒，再倒入滑好的鸡丁翻炒，加入青小米辣翻炒出味，再加入盐、鸡精、味精、胡椒粉、辣鲜露、料酒、白糖调味，翻炒均匀，最后加入葱段翻炒均匀，出锅装盘成菜。（图 2-5-3）

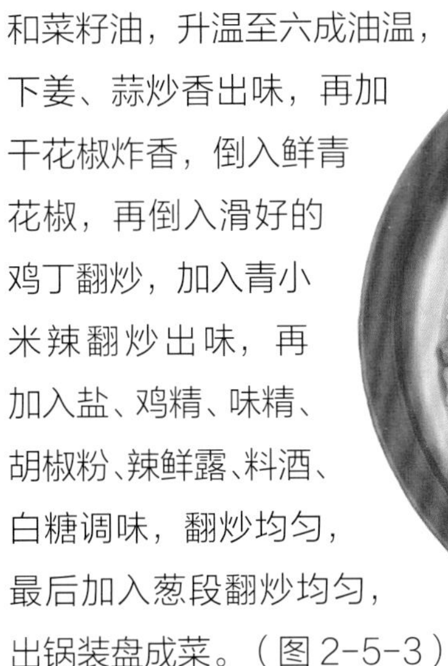

图 2-5-3

3 成菜特点

鲜嫩麻香，椒香味浓。

三 成菜关键技术要点

1. 鸡肉砍成大小均匀的小丁，便于入味。
2. 花椒的选用与配量合理。
3. 油炸鸡肉的老嫩度适宜。

四 延伸菜肴

花椒鸭，花椒兔。

任务六

芋儿鸡

一 菜肴简介

芋儿鸡，源于重庆市九龙坡区含谷镇，是一道极具乡土风味的特色菜。鸡肉辅以芋儿，粑糯相得益彰。成菜质地细嫩，辣而不燥。

二 菜肴制作

（一）原料构成与准备（图 2-6-1）

主料：跑山鸡1只1500 g。

辅料：芋儿600 g，小葱5 g，香菜10 g。

调料：老姜30 g，大蒜30 g，青泡椒30 g，红泡椒20 g，干辣椒5 g，干花椒5 g，豆瓣酱30 g，香辣酱20 g，火锅底料20 g，泡姜20 g，盐5 g，鸡精10 g，味精10 g，料酒50 g，白糖5 g，胡椒粉3 g，料酒20 g，醋3 g，酱油3 g，红油、菜籽油适量。

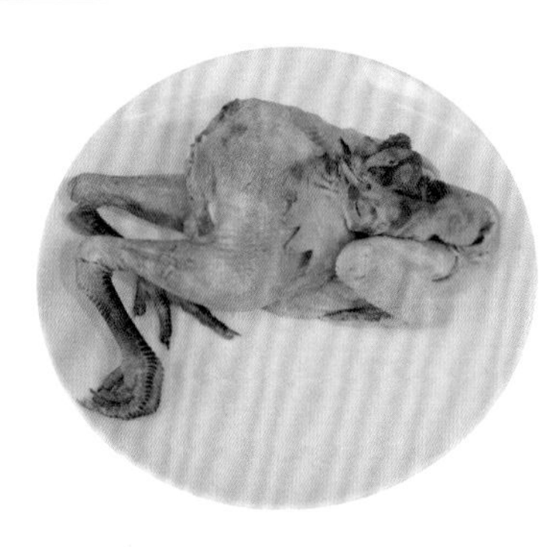

图 2-6-1

（二）烹调加工成菜步骤

1 原料处理加工阶段

（1）芋儿去皮洗净清水中浸泡后，对剖切块，小葱去根、去老叶洗净切葱段，香菜切段，姜去皮洗净拍破切颗粒，大蒜去皮洗净拍破切颗粒，泡姜切片，备用。

（2）青泡椒切段，红泡椒对半切开，备用。（图 2-6-2）

（3）鸡肉洗净，砍成大小 3 厘米左右的块，加适量盐、胡椒粉、料酒、姜、葱码味，腌制入味后，拣去姜葱备用。

图 2-6-2

2 菜肴烹调过程

（1）锅置火上，加入适量清水烧沸，倒入芋儿汆水至表面黏液去除，捞出，放入冷水中浸泡待用。

（2）炙锅下红油和菜籽油升温至七成油温，放入干花椒、干辣椒炒香，再加入青红泡椒、姜、蒜、豆瓣酱、香辣酱、火锅底料混合炒香，下鸡肉爆炒至水干吐油，烹入料酒，加入适量清水，加入适量盐、味精、鸡精、白糖、胡椒粉、醋、酱油调味，开大火烧沸后，加入芋儿，再倒入高压锅中烧制 5 分钟，出锅装盘，撒上干辣椒、干花椒、香菜、葱段。（图 2-6-3）

图 2-6-3

3 成菜特点

色泽红亮，香辣入味，辣而不燥，肉质滑嫩，芋儿粑软。

三 成菜关键技术要点

1. 鸡肉大小均匀，爆炒至水干吐油。
2. 混合酱料要充分炒香入味。
3. 焖烧时间充足，鸡肉软糯，芋儿粑软。

四 延伸菜肴

芋儿牛肉。

任务七

烧鸡公

一 菜肴简介

烧鸡公是一道火锅风味的重庆地方菜品。经过不断改良，该菜肴已成为风靡川渝餐饮界的一道标志性创新菜。

二 菜肴制作

（一）原料构成与准备（图 2-7-1）

主料： 跑山鸡1只1500 g。

辅料： 芋儿300 g，竹笋200 g，小葱15 g。

调料： 老姜30 g，大蒜50 g，青泡椒100 g，红泡椒50 g，泡姜30 g，干辣椒15 g，干花椒10 g，火锅底料200 g，豆瓣酱50 g，香辣酱30 g，辣椒酱20 g，烧鸡公调料150 g，香料粉10 g，盐5 g，味精10 g，鸡精10 g，料酒50 g，白糖5 g，胡椒粉3 g，生抽10 g，醋3 g，猪油、菜籽油适量。

图 2-7-1

（二）烹调加工成菜步骤

1 原料处理加工阶段（图2-7-2）

（1）芋儿去皮洗净切块后用清水浸泡，竹笋洗净切段，小葱去根、去老叶洗净切段，泡姜切片，姜去皮洗净拍破切颗粒，蒜去皮洗净拍破，备用。

（2）青泡椒切节，红泡椒对半切开去籽，备用。

（3）鸡肉洗净砍成 3 厘米左右大小的块，加适量盐、胡椒粉、料酒、姜、葱码味，腌制入味后，拣去姜葱备用。

图 2-7-2

2 菜肴烹调过程

（1）炙锅下猪油和菜籽油升至七成油温，加入姜、蒜、干花椒、干辣椒、青泡椒、红泡椒、泡姜混合炒香，再加入火锅底料、豆瓣酱、香辣酱、烧鸡公调料等酱料混合炒至出味出色，倒入鸡肉煸炒，加入清水、芋儿、竹笋，再加入适量盐、白糖、味精、鸡精、醋、胡椒粉、香料粉、生抽调味，开大火烧沸后转锅。

（2）取一高压锅，倒入烧沸的鸡肉，盖盖子焖至出气后计时 15 分钟，关火再焖 5 分钟后起锅装入盆中，撒上葱段。

（3）炙锅下油升温至七成油温，下干辣椒、干花椒炸香后炝于盆中即可成菜。（图 2-7-3）

图 2-7-3

3 成菜特点

鸡肉粑糯鲜香，汤汁辣而不燥。

三 成菜关键技术要点

1. 鸡块大小均匀，码味入味。
2. 爆炒至水干油清。
3. 根据实际分量把控在高压锅中的焖压时间。
4. 炝油的温度恰当，把辣椒、花椒的味道炝入菜肴中。

四 延伸菜肴

无。

任务八

鼎盛口水鸡

一 菜肴简介

鼎盛口水鸡是徐鼎盛的招牌菜之一，也是点单率较高的菜品之一，是一道极具红油特色的菜肴，其特点色泽红亮、肉质细嫩、麻辣鲜香。

二 菜肴制作

（一）原料构成与准备（图 2-8-1）

主料：跑山鸡1000 g。

辅料：莲藕300 g。

调料：生抽30 g，醋10 g，味精5 g，白糖10 g，花椒面5 g，红油40 g，原汤20 g，大蒜15 g，老姜15 g，葱15 g，芝麻5 g。

图 2-8-1

（二）烹调加工成菜步骤

1 原料处理加工阶段

（1）莲藕洗净切一字条，备用。（图 2-8-2）

（2）大蒜切末，小葱切葱花，备用。

（3）老姜切片，葱切节，备用。

图 2-8-2

2 菜肴烹调过程

（1）锅置火上，加入适量清水，烧开下莲藕，断生捞出，放凉备用。

（2）锅置火上，加入适量清水，加入姜片、葱节、鸡，大火烧开转小火，撇去浮沫，煮 10 分钟，再浸泡 20 分钟，捞出放凉备用。

（3）莲藕打底，煮好的鸡改成一字条，码在莲藕上。

（4）碗中放入生抽、醋、味精、白糖、花椒面、红油、原汤、蒜末，搅拌均匀，浇在鸡肉上，最后撒上芝麻、葱花即可成菜。（图 2-8-3）

图 2-8-3

3 成菜特点

麻辣鲜香，红油味浓。

三 成菜关键技术要点

1. 煮鸡时间要把控得当。
2. 调料的调配比例要恰当。

四 延伸菜肴

口水蛙。

任务九

黔江鸡杂

一 菜肴简介

黔江鸡杂属于煨干锅系列，是一道地域特色菜，也是重庆市级非物质文化遗产。该菜肴是用土家族人特有的烹饪方式，以鸡肠、鸡肝、鸡心、鸡胗等内脏为原料，辅以酸萝卜、酸姜、泡椒、花椒、葱、蒜等配料烹制而成。成菜麻辣兼备、色鲜味美、醇香可口。

二 菜肴制作

（一）原料构成与准备（图 2-9-1）

主料： 鸡心100 g，鸡肠100 g，鸡胗150 g，鸡肝100 g。

辅料： 马铃薯300 g，小葱20 g，香菜10 g，泡萝卜200 g，红泡椒100 g，泡姜30 g。

调料： 老姜50 g，大蒜50 g，干辣椒10 g，干花椒5 g，盐3 g，味精5 g，鸡精5 g，胡椒粉3 g，白糖3 g，生粉10 g，料酒50 g，红油、菜籽油适量。

图 2-9-1

（二）烹调加工成菜步骤

1 原料处理加工阶段（图2-9-2）

（1）姜切片，大蒜切片，泡姜切片，泡萝卜切粗丝，红泡椒切段，干辣椒切段，备用。

（2）香菜去根洗净切段，小葱去根、去老叶洗净切段，马铃薯去皮洗净改滚刀块泡水，大蒜去皮拍破切颗粒，备用。

（3）鸡心划开洗净切片，鸡肠洗净切段，鸡胗剞花刀切片，鸡肝去苦胆切片，备用。

（4）鸡杂中加入盐、鸡精、胡椒粉、料酒抓匀，再放入生粉抓匀，腌制5分钟，备用。

图2-9-2

2 菜肴烹调过程

（1）锅中倒入清水，放入切好的马铃薯，加盐，煮入味，断生捞出备用。

（2）锅中加入菜籽油升温至七成油温，加入马铃薯炸至呈金黄色捞出，控油待用。下入鸡杂，炸至滑嫩出锅。

（3）锅中加入适量红油和菜籽油，放入干辣椒、干花椒炸香，再放入姜、蒜片爆出香味。倒入泡萝卜、泡椒、泡姜，一同翻炒至香味浓郁，加入鸡杂改大火快速翻炒均匀至鸡杂卷曲成型。放入料酒，加入盐、鸡精、味精、白糖、胡椒粉调味后翻炒均匀，待烧干水分后转入煨锅。

图2-9-3

（4）煨锅置好，放入炸好的马铃薯垫底，把鸡杂盖于表面，撒上葱段和香菜段，即可成菜。（图 2-9-3）

3 成菜特点

鸡杂脆嫩，酸辣爽口，色鲜味美。

三 成菜关键技术要点

1. 鸡杂的腥臭味处理要到位，以免影响菜品质量。
2. 炒制鸡杂时，要大火快炒，若炒制时间太长鸡杂会变得老韧，影响口感。

四 延伸菜肴

无。

任务十

虎皮糊辣凤爪

一 菜肴简介

虎皮糊辣凤爪是根据川渝地区菜肴风味特点进行改良的一道江湖菜肴。该菜肴以其细嫩而多汁的口感以及独特的风味被广大消费者所喜爱。

二 菜肴制作

（一）原料构成与准备（图 2-10-1）

主料：凤爪500 g。

辅料：蒜苗50 g。

调料：老姜10 g，大蒜20 g，灯笼椒50 g，豆瓣酱30 g，火锅底料20 g，干辣椒10 g，干花椒5 g，胡椒粉5 g，盐5 g，鸡精10 g，味精10 g，料酒15 g，生抽10 g，白糖5 g，花椒油2 g，菜籽油适量。

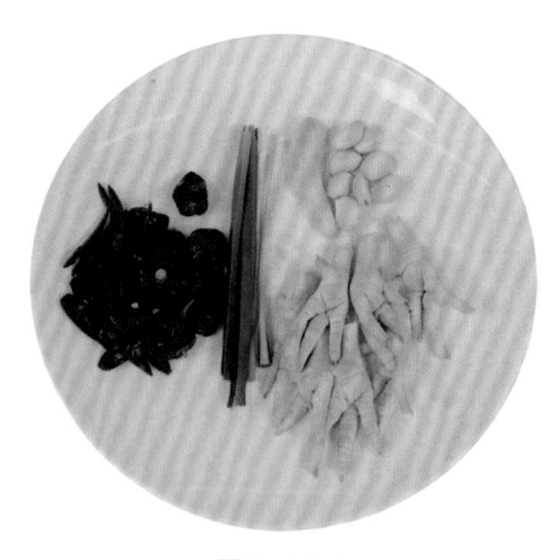

图 2-10-1

(二)烹调加工成菜步骤

图2-10-2

① 原料处理加工阶段(图2-10-2)

(1)干辣椒切节去籽,老姜、大蒜去皮拍破切颗粒,蒜苗去根洗净切段,灯笼椒对剖,备用。

(2)将凤爪洗净去除指甲,对剖,备用。

② 菜肴烹调过程

(1)锅置火上,加入适量菜籽油升温至七成油温,加入凤爪炸至焦黄,起锅控油,放入冷水中浸泡待用。(图2-10-3)

图2-10-3

(2)锅中下油升温至六成油温,放入干辣椒炒至枣红色,下干花椒炸香,再下姜、蒜炒香后加豆瓣酱、火锅底料,炒香。加入清水,倒入凤爪,放入盐、味精、鸡精、料酒、白糖、胡椒粉调底味,烧沸改小火焖烧20分钟左右,直至鸡脚软糯,加蒜苗调味,改大火收汁现油,起锅装盘成菜。(图2-10-4)

图2-10-4

3 成菜特点

色泽棕红，麻辣鲜香，松软离骨。

三 成菜关键技术要点

1. 炸好的凤爪要迅速放入冷水中浸泡，使其充分吸足水分。
2. 注意味道的调和，小火慢烧入味。
3. 大火收汁现油，装盘美观大方。

四 延伸菜肴

无。

任务十一

银球凤翅

一 菜肴简介

银球凤翅是一道在传统川菜烹饪技艺基础上改良的创新菜。该菜肴以鸡翅根为主料，辅以青、红小米辣、芽菜等制作而成。成菜香辣入味，外酥里嫩，造型美观。

二 菜肴制作

（一）原料构成与准备（图 2-11-1）

主料：鸡翅根12个。

辅料：鸡蛋2个，碎米芽菜50 g，小葱10 g，青小米辣10 g，红小米辣5 g。

调料：姜10 g，蒜10 g，盐5 g，味精5 g，鸡精5 g，白糖3 g，料酒15 g，生粉100 g，胡椒粉5 g，孜然粉3 g，干花椒5 g，花椒面2 g，辣椒面5 g，红油、色拉油适量。

图 2-11-1

（二）烹调加工成菜步骤

1 原料处理加工阶段

（1）青、红小米辣去梗洗净切细粒，姜、蒜去皮洗净切成粒，小葱去根、去老叶洗净切葱花，备用。

（2）鸡翅根从细骨处切断，肉下改刀往外翻，加入盐、鸡精、味精、料酒、胡椒粉码味，放入生粉抓拌均匀，腌制10分钟，备用。（图2-11-2）

图2-11-2

2 菜肴烹调过程

（1）鸡蛋取蛋清打成蛋泡糊。（图2-11-3）

（2）锅置火上，下油升温至六成油温，把腌制好的鸡翅根均匀裹上打好的蛋泡糊，下锅炸至金黄，捞出控油待用。（图2-11-4）

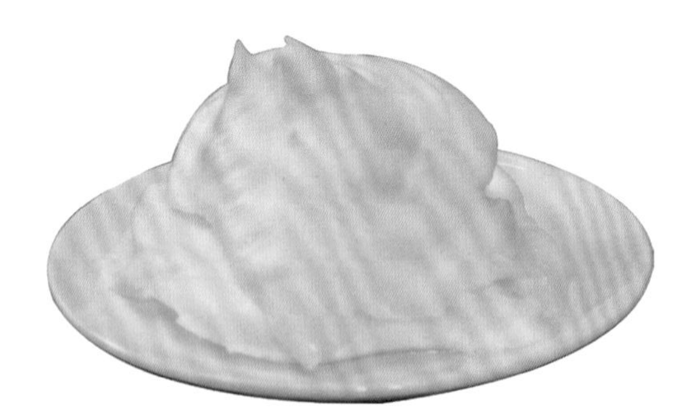
图2-11-3

图2-11-4

（3）锅中倒入少许红油和色拉油，下姜蒜粒炒香，加入青、红小米辣和芽菜炒香出味，加干花椒、辣椒面炒香出红油色，再加入盐、味精、鸡精、花椒面、胡椒粉、孜然粉调味，倒入炸好的鸡翅根熘炒均匀，最后加入葱花翻炒均匀，出锅装盘成菜。（图2-11-5）

图2-11-5

3 成菜特点

色泽金黄，外酥里嫩，椒香四溢。

三 成菜关键技术要点

1. 鸡翅根码味要充分。
2. 控制炸制的温度，鸡翅根表面炸至均匀的金黄色。
3. 熘炒的力度恰当，熘炒均匀入味即可。

四 延伸菜肴

无。

任务十二

子姜鸭丝

一 菜肴简介

子姜鸭丝是川渝地区一道有名的家常菜。该菜肴以鲜嫩的鸭肉配以辛辣的子姜和小米辣制成，香辣入味、肉质粑软、子姜味浓，是夏天餐桌上必不可少的佐酒菜之一。鸭肉蛋白质含量丰富，所含维生素 B 和维生素 E 一般较其他肉类多，适用于体内有热、上火的人或者体质虚弱、食欲不振和水肿的人；生姜祛风散寒、止呕吐、祛痰下气、散烦闷、开胃气。

二 菜肴制作

（一）原料构成与准备（图 2-12-1）

主料： 土鸭子1只1500 g。

辅料： 子姜500 g，青小米辣100 g，红小米辣50 g，小葱20 g。

调料： 大蒜100 g，老姜100 g，鲜花椒15 g，盐10 g，胡椒粉5 g，鸡精5 g，味精10 g，料酒100 g，生粉20 g，色拉油、红油适量。

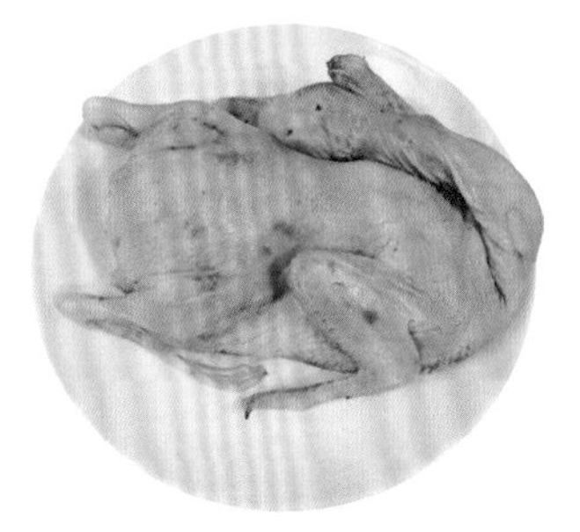

图 2-12-1

（二）烹调加工成菜步骤

1 原料处理加工阶段（图2-12-2）

（1）青、红小米辣去梗洗净对半切，小葱去根、去老叶洗净切段，大蒜去皮洗净拍破切颗粒，子姜洗净切丝，备用。

（2）老姜切颗粒备用。

（3）取鸭胸肉切丝，加入盐、胡椒粉、料酒码味，腌制入味后，加入生粉腌制 5 分钟。

图 2-12-2

2 菜肴烹调过程

（1）炙锅下适量色拉油升温至六成油温，倒入鸭丝过油，滑散后捞出。

（2）锅中倒入红油、色拉油，加入鲜花椒、子姜，炒出香味后，加入姜蒜，青、红小米辣，然后倒入鸭丝翻炒均匀，炒出香味后，加入盐、鸡精、味精、生粉、胡椒粉调味，翻炒后加入葱段翻炒均匀，出锅装盘成菜。（图 2-12-3）

图 2-12-3

3 成菜特点

肉质软糯鲜香，子姜味浓郁。

三 成菜关键技术要点

1. 鸭肉腥味重，在码味时要去腥到位。
2. 烧制的时间要充足，水量一次性放充足。

四 延伸菜肴

姜爆鸡，姜爆蛙。

任务十三 啤酒鸭

一 菜肴简介

啤酒鸭是重庆一道风味独特的，深受广大食客喜爱的特色川菜。啤酒鸭据传起源于清代，是重庆经典传统名菜之一。其主料为鸭子和啤酒，将鸭肉与啤酒一同炖煮成菜，使滋补的鸭肉味道更加浓厚，成菜不仅入口鲜香，还带有一股啤酒的清香。

二 菜肴制作

（一）原料构成与准备（图 2-13-1）

主料：麻鸭1只1500 g。

辅料：小葱30 g，子姜100 g，青小米辣100 g，红小米辣50 g。

调料：姜50 g，蒜50 g，干花椒10 g，辣椒面10 g，火锅底料50 g，豆瓣酱150 g，盐5 g，味精10 g，鸡精10 g，胡椒粉10 g，啤酒1000 mL，菜籽油适量。

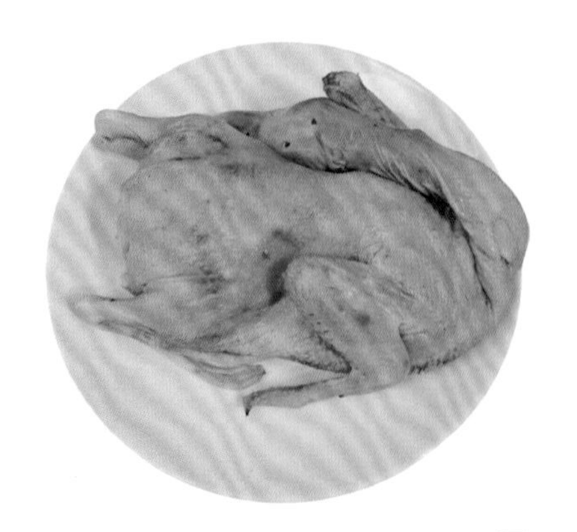

图 2-13-1

（二）烹调加工成菜步骤

1 原料处理加工阶段（图2-13-2）

图 2-13-2

（1）子姜切片，青、红小米辣去梗洗净斜刀改厚片，姜、蒜去皮洗净拍破切颗粒，小葱去根洗净切段，备用。

（2）鸭子燎皮洗净切成一字条，加入清水漂洗，洗去血水后控水备用。

2 菜肴烹调过程

图 2-13-3

（1）锅置火上，下适量菜籽油升温至七成油温，倒入鸭肉爆炒至水干吐油，加入豆瓣酱、火锅底料、辣椒面、干花椒炒香出味出色。加入姜片，下足量啤酒和清水，再加盐、鸡精、味精、胡椒粉调底味，大火烧沸后改小火慢焖 20 分钟，烧至肉质粑软离骨，改大火收汁现油，下入子姜片，青、红小米辣和大葱段翻炒均匀，出锅装盘成菜。（图 2-13-3）

3 成菜特点

鸭肉粑软入味，啤酒香味浓郁。

三 成菜关键技术要点

1. 啤酒和高汤的量一次性放足，小火慢烧至粑软入味。
2. 大火收汁现油后，再加入辅料炒至断生增香即可。

四 延伸菜肴

魔芋鸭，啤酒兔。

模块三 家畜类菜肴

渝味江湖菜

任务一

豆花肉片

一 菜肴简介

豆花肉片是一道经典的创新川菜，成菜口感绵柔，汤汁鲜美，肉麻辣适宜，粉嫩有加。豆花高营养、低脂肪，猪肉则含有丰富的动物纤维及维生素，二者结合，不仅味道鲜美，而且营养丰富。

二 菜肴制作

（一）原料构成与准备（图 3-1-1）

主料：猪前腿瘦肉300 g。

辅料：河水豆花500 g，蒜苗20 g。

调料：老姜2 g，大蒜15 g，干辣椒15 g，豆瓣酱15 g，盐3 g，胡椒粉3 g，味精3 g，鸡精1 g，生抽5 g，料酒15 g，淀粉8 g，菜籽油适量。

图 3-1-1

（二）烹调加工成菜步骤

1 原料处理加工阶段（图3-1-2）

（1）蒜苗切成蒜苗花备用，老姜去皮洗净切姜末，大蒜去皮洗净切大蒜末，瘦肉洗净切薄片备用。

（2）肉片加少许盐、胡椒粉、料酒码味，码味时加入适量清水，搅打肉片，使肉片充分吸收水分，再加入适量干淀粉上浆备用。

（3）炙锅下油，下干辣椒炒成枣红色，炒香倒出晾凉，切成刀口辣椒待用。

图3-1-2

2 菜肴烹调过程

（1）锅置火上，下适量清水，加入适量盐、料酒调底味，下豆花氽水，控水捞出，放入碗中待用。

（2）锅置火上，加入适量菜籽油，下姜蒜末炒香出味，放入豆瓣酱炒香出味出色，下少量刀口辣椒炒香，烹入料酒增香，再下适量清汤、盐、生抽、味精、鸡精调味，烧沸后改小火成微沸状态，一次性下肉片滑散断生，勾入薄芡，起锅倒在豆花上。撒上蒜末、刀口辣椒。

（3）洗锅下油升温至七成油温，浇于表面炝香出味，趁热撒上蒜苗花。（图3-1-3）

图3-1-3

3 成菜特点

麻辣鲜香，鲜嫩爽滑。

三 成菜关键技术要点

1. 肉片码味上浆适宜。
2. 豆瓣酱和辣椒面要炒香并出味出色。
3. 炝油的温度要适宜。

四 延伸菜肴

豆花肥肠，豆花牛肉。

任务二

尖椒拱嘴

一 菜肴简介

尖椒拱嘴是综合多种工艺烹制而成的一道家常菜肴。卤肉的香气加上辣椒和蒜苗的香味，形成了一道风味独特的菜肴，具有软糯鲜香、滋味醇厚、油而不腻的特点。尖椒营养价值甚高，具有御寒、增强食欲、抗衰老、杀菌的功效，尖椒的鲜辣融合猪拱嘴的脆嫩，使此菜口感极佳且营养丰富。

二 菜肴制作

（一）原料构成与准备（图 3-2-1）

主料：卤猪拱嘴300 g。

辅料：青尖椒150 g，青小米辣30 g，红小米辣20 g，蒜苗20 g。

调料：老姜10 g，大蒜15 g，干红花椒3 g，盐2 g，料酒2 g，白糖1 g，酱油2 g，藤椒油2 g，猪油、菜籽油适量。

图3-2-1

（二）烹调加工成菜步骤

1 原料处理加工阶段（图3-2-2）

（1）青尖椒去梗洗净切斜刀块，青、红小米辣去梗洗净对半切，蒜苗去根洗净斜刀切片，老姜、大蒜去皮洗净切片备用。

（2）卤猪拱嘴改刀成片备用。

图 3-2-2

2 菜肴烹调过程

（1）锅置火上，倒入青尖椒煸炒出香味至起少量虎皮，出锅待用。

（2）炙锅下混合油（猪油、菜籽油），下拱嘴片小火爆香，下干红花椒和姜蒜片炒香出味，倒入辣椒翻炒均匀，再下蒜苗，加盐、白糖、酱油、料酒、藤椒油调味，翻炒均匀，出锅装盘成菜。（图 3-2-3）

图 3-2-3

3 成菜特点

鲜辣爽口，软糯鲜香。

三 成菜关键技术要点

1. 青尖椒煸炒起虎皮出香味，增加菜肴的辣香味。
2. 拱嘴小火煸炒散开即可，不可炒过久或大火炒。
3. 调味均匀，蒜苗炒断生即可成菜。

四 延伸菜肴

尖椒腊肉，尖椒卤猪耳。

任务三

泡椒小肠

一 菜肴简介

泡椒小肠，源于重庆巴南区一品街道。该菜肴脆嫩爽口，酸辣味浓，咸鲜醇香，乡土风味独特，是重庆家常菜泡椒系列的璀璨之星。一代代厨师把这种特殊的泡椒味发挥得淋漓尽致，在点缀巴渝食坛的同时，也丰富了重庆家常菜饮食文化。

二 菜肴制作

（一）原料构成与准备（图 3-3-1）

主料：猪小肠300 g。

辅料：西芹50 g，大葱50 g。

调料：青泡椒100 g，红泡椒30 g，泡姜20 g，老姜10 g，大蒜30 g，干青花椒5 g，鲜青花椒5 g，盐3 g，味精5 g，鸡精1 g，白糖3 g，胡椒粉2 g，料酒10 g，酱油2 g，猪油、菜籽油、红油适量。

图 3-3-1

（二）烹调加工成菜步骤

1 原料处理加工阶段（图3-3-2）

（1）大葱去根洗净切节，西芹切厚片，老姜、大蒜去皮拍破切颗粒，备用。

（2）红泡椒对半切去籽，青泡椒切小颗粒，泡姜切片，备用。

（3）猪小肠洗净，三刀一段切菊花刀，清水漂洗去血水，加盐、胡椒粉、料酒去腥码味，备用。

图3-3-2

2 菜肴烹调过程

（1）炙锅下油烧至六成油温，放入码好味的小肠滑至定型散开，出锅待用。

（2）炙锅下混合油（猪油、菜籽油、红油）升至六成油温，下干青花椒爆香，再下姜蒜粒炒香出味，加鲜青花椒、泡椒、泡姜煸炒出香味，改大火下猪小肠翻炒均匀。下西芹和大葱节，再放入盐、味精、鸡精、白糖、胡椒粉、料酒、酱油调味，快速翻炒均匀，起锅装盘成菜。（图3-3-3）

图3-3-3

3 成菜特点

脆嫩爽口，泡椒味浓。

三 成菜关键技术要点

1. 猪小肠处理得当，血水要充分漂洗干净。
2. 大火快炒，保持其肉质脆嫩。

四 延伸菜肴

泡椒猪肝，泡椒脆肠（儿肠）。

任务四

民间花椒骨

一 菜肴简介

民间花椒骨是徐鼎盛特色菜肴之一，花椒骨是选用优质的猪尾骨经过传统的工艺腌制风干而成。成菜风味独特，焦香入骨，嚼劲回味无穷。

二 菜肴制作

（一）原料构成与准备（图 3-4-1）

主料：猪尾骨300 g。

辅料：无。

调料：高度白酒50 g，盐50 g，八角、香叶、桂皮适量，优质青花椒适量。

图 3-4-1

（二）烹调加工成菜步骤

1 原料处理加工阶段

略。

2 菜肴烹调过程

（1）椒盐制作：锅洗净加入盐，炒至微黄，再加入青花椒、桂皮、八角、香叶，炒出香味。（图3-4-2）

图3-4-2

（2）在猪尾骨上均匀抹上高度白酒，加入炒好的椒盐，腌制7天，自然风干1个月。

（3）将腌制好的花椒骨放入蒸箱蒸40分钟，取出放凉，斩成2.5厘米见方的块即可成菜。（图3-4-3）

图3-4-3

3 成菜特点

花椒味浓，骨肉腊香。

三 成菜关键技术要点

1. 椒盐制作时要将香料味炒制出来。
2. 腌制、风干的时间到位。

四 延伸菜肴

花椒纤排，花椒风鱼。

任务五

粉蒸三样

一 菜肴简介

蒸是以蒸汽作为传热介质，使经过调味的原料成熟或酥烂入味的一种烹调方法。粉蒸三样，是以调味料和原料命名的家常菜肴，将三线肉、排骨、肠头三合一，成菜软糯鲜香。

二 菜肴制作

（一）原料构成与准备（图 3-5-1）

主料：精三线肉150 g，纤排300 g，肠头150 g。

辅料：红薯400 g，玉米、黄豆荚适量。

调料：老姜30 g，大葱50 g，小葱10 g，蒸肉粉500 g，豆瓣酱40 g，豆豉10 g，盐10 g，味精5 g，白糖3 g，料酒10 g，胡椒粉5 g，醪糟汁200 g，香料粉5 g，生抽10 g，菜籽油适量。

图 3-5-1

（二）烹调加工成菜步骤

1 原料处理加工阶段（图3-5-2）

（1）老姜去皮洗净拍破，大葱去根洗净拍破切段，小葱去根、去老叶洗净切葱花，黄豆荚洗净，玉米切块，红薯去皮洗净切滚刀块，清水中浸泡备用。

（2）精三线肉燎皮洗净切片；纤排砍成2厘米左右的小块，清水浸泡漂去血水、控水；肠头充分洗净切小段。三种原料分别置于盆中，加入适量盐、料酒、葱、姜码味，腌制入味后，拣去葱姜备用。

图3-5-2

2 菜肴烹调过程

（1）锅置火上，加入适量菜籽油，下豆瓣酱和豆豉炒至出味出色，出锅待用。

（2）取一小蒸笼，洗净。

（3）红薯、玉米、黄豆荚放于盆中，加适量炒香的酱料、蒸肉粉、盐、味精、白糖调味并拌匀，放入蒸笼打底。另三种主料分别放入适量盐、蒸肉粉、酱料、味精、白糖、胡椒粉、生抽、醪糟汁、香料粉充分拌匀，分三等份放置到红薯上面，再放上玉米、黄豆荚。上蒸锅蒸制2小时左右，出笼，撒上葱花成菜。（图3-5-3）

图3-5-3

3 成菜特点

肉质色泽红亮，耙软细腻，软糯鲜香。

三 成菜关键技术要点

1. 肠头要充分清洗干净，除去腥臭味。
2. 主料腌制时间要充足，充分入味。
2. 蒸制时间充足，保障菜品耙、糯、软的口感。

四 延伸菜肴

粉蒸鸡，粉蒸素三拼。

任务六

泡椒双脆

一 菜肴简介

泡椒双脆是流传于川渝两地的一道代表性家常菜品，因其脆嫩爽口、麻辣鲜香而深受广大消费者的喜爱。黄喉、毛肚儿一般很难入味，但在火爆菜的烹制中采用泡椒大火快速爆炒的技艺，保证了其脆度，还有效压制了黄喉、毛肚儿的腥味。成菜酸鲜麻辣。

二 菜肴制作

（一）原料构成与准备（图 3-6-1）

主料：猪鲜黄喉300 g，发毛肚300 g。

辅料：白芹50 g，蒜薹50 g，青小米辣20 g，红小米辣10 g。

调料：青泡椒50 g，红泡椒30 g，泡姜15 g，泡野山椒10 g，鲜青花椒20 g，干青花椒10 g，子姜10 g，老姜10 g，大蒜30 g，小葱10 g，盐6 g，味精5 g，白糖3 g，胡椒粉3 g，保宁醋2 g，花椒油3 g，料酒10 g，猪油、菜籽油适量。

图 3-6-1

（二）烹调加工成菜步骤

1 原料处理加工阶段（图3-6-2）

（1）白芹去根、去叶洗净切段；蒜薹去尖叶洗净切段；青红小米辣去梗洗净对半切；老姜、大蒜去皮洗净拍破改片；子姜洗净切片；小葱去根、去老叶洗净切段，备用。

（2）青泡椒斜刀切片，红泡椒对半切开去籽改小片，泡姜切片，泡野山椒切颗粒，备用。

（3）猪鲜黄喉去油脂层洗净改菊花花刀（4~5刀一段），加入适量盐、料酒、胡椒粉码味，备用。

（4）发毛肚撕片，备用。

图3-6-2

2 菜肴烹调过程

（1）炙锅下适量猪油和菜籽油，升温至六成油温，放干青花椒和姜蒜片炒香出味，下泡椒、泡姜小火炒出香味，倒入辅料炒断生出味。

（2）放入猪鲜黄喉、毛肚儿和小葱段，改大火，烹入料酒爆炒，加味精、白糖、胡椒粉、保宁醋、花椒油调味，快速翻炒均匀，起锅装盘成菜。（图3-6-3）

图3-6-3

3 成菜特点

脆嫩爽口，麻辣鲜香。

三 成菜关键技术要点

1. 黄喉花刀改刀均匀。
2. 泡椒小火慢炒，充分出味。
3. 加主料后需大火快炒，保持脆嫩的口感。

四 延伸菜肴

泡椒毛肚，泡椒郡花。

任务七

伴汤酥肉

一 菜肴简介

伴汤酥肉是一道具有家庭风味的菜品。成菜清鲜味香、入口化渣。加入时蔬搭配，味道更加鲜美。

二 菜肴制作

（一）原料构成与准备（图 3-7-1）

主料：精三线肉300 g。

辅料：儿菜200 g。

调料：鸡蛋2个，老姜20 g，大葱30 g，小葱10 g，红薯淀粉50 g，香料粉5 g，胡椒粉2 g，盐10 g，味精5 g，料酒5 g，猪油、菜籽油适量。

图 3-7-1

(二)烹调加工成菜步骤

1 原料处理加工阶段

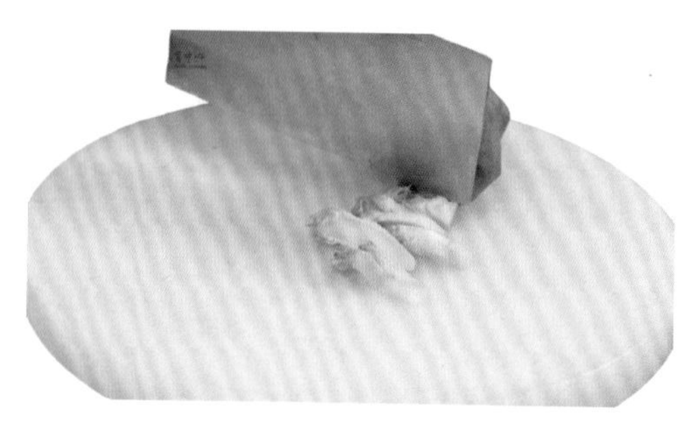
图 3-7-2

(1)老姜去皮洗净拍破,大葱去根洗净拍破切段,小葱去根、去老叶洗净切葱花,儿菜洗净去老皮切成块,备用。(图 3-7-2)

(2)精三线肉去皮洗净切片,加盐、胡椒粉、料酒码味,腌制入味后放入红薯淀粉充分搅拌均匀,再加入鸡蛋充分搅拌均匀,然后加入适量清水、香料粉搅拌均匀,备用。

2 菜肴烹调过程

图 3-7-3

(1)锅中加入适量菜籽油升温至六成油温,依次放入裹上浆的精三线肉炸制。第一次炸成表面呈现浅黄色捞出备用,待油温再次升至七成油温,放入酥肉进行二次复炸,待颜色炸至金黄色,捞出控油,改刀成块待用。(图 3-7-3)

(2)锅中加入适量猪油和菜籽油,下葱、姜、蒜爆香,加入清水烧沸。捞出葱、姜、蒜后,下儿菜煮至断生,加盐调底味,再下酥肉块,煮至耙软后,下盐、味精调味,勾入适量的水淀粉,形成米汤芡,使汤汁均匀地包裹在菜肴上,起锅装入汤碗中,撒入少许葱花即可成菜。(图 3-7-4)

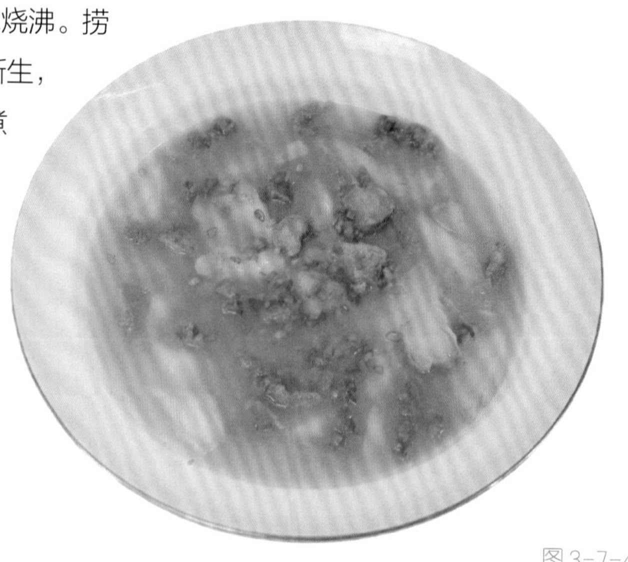
图 3-7-4

3 成菜特点

汤鲜味浓，肉质酥软，配菜粑软。

三 成菜关键技术要点

1. 酥肉要炸至金黄酥脆。
2. 酥肉要趁热煮入汤中，使汤汁充分被吸入肉中。

四 延伸菜肴

芋儿酥肉。

任务八

青菜牛肉

一 菜肴简介

青菜牛肉是黔江煨锅系列的代表菜品之一。青菜牛肉所采用的食材是鲜嫩的本土黄牛肉和有机青菜，为菜肴增添了独特的口感和营养价值。

二 菜肴制作

（一）原料构成与准备（图 3-8-1）

主料：牛里脊300 g。

辅料：青菜200 g。

调料：老姜10 g，大蒜15 g，大葱10 g，干辣椒5 g，干花椒3 g，青小米辣5 g，红小米辣3 g，盐2 g，味精3 g，淀粉50 g，白糖1 g，生抽3 g，蚝油2 g，料酒5 g，胡椒粉2 g，菜籽油适量。

图 3-8-1

（二）烹调加工成菜步骤

① 原料处理加工阶段（图3-8-2）

图 3-8-2

（1）青菜去老叶和筋皮后斜刀切滚刀块，老姜、大蒜去皮洗净切片，干辣椒切节去籽，青红小米辣去梗洗净对半切，备用。

（2）牛里脊洗净横刀切片，加少许盐、料酒、胡椒粉、大葱、老姜码味，腌制入味后，拣去葱姜，加入少许淀粉上浆备用。

② 菜肴烹调过程

（1）炙锅下菜籽油升温至四成油温，下牛里脊滑散断生，捞出控油待用。

（2）锅置火上，下适量菜籽油升温至六成油温，下干辣椒炒成枣红色，下干花椒炸香，加姜、蒜片爆香，下青菜大火快炒至断生，倒入滑好的牛里脊，加盐、生抽、蚝油、味精、白糖调味，翻炒均匀，出锅装盘成菜。（图 3-8-3）

图 3-8-3

③ 成菜特点

肉质细嫩，鲜香色艳。

三 成菜关键技术要点

1. 牛肉断丝切片，码味上浆适宜。
2. 青菜要大火快炒，保持色泽翠绿鲜嫩。

四 延伸菜肴

青菜鱿鱼，青菜鸭脯。

任务九

烧椒牛柳

一 菜肴简介

烧椒牛柳是传统川菜系列中烧椒味型的代表菜品之一。牛肉的滑嫩与豆腐的鲜嫩通过烧椒相融，形成独特的烧椒风味。成菜令人回味无穷。

二 菜肴制作

（一）原料构成与准备（图 3-9-1）

主料：牛柳300 g。

辅料：内酯豆腐1盒，青二荆条200 g。

调料：青小米辣10 g，鲜青花椒10 g，老姜5 g，大葱5 g，大蒜15 g，盐3 g，味精5 g，酱油2 g，藤椒油2 g，料酒5 g，胡椒粉3 g，淀粉5 g，菜籽油适量。

图 3-9-1

（二）烹调加工成菜步骤

1 原料处理加工阶段（图3-9-2）

（1）青二荆条、青小米辣去梗洗净，老姜去皮洗净拍破，大蒜去皮洗净剁成蒜米，大葱去根洗净拍破切段，备用。

（2）牛柳洗净横筋切片，加入少许盐、胡椒粉、料酒、大葱、老姜码味，腌制入味后，拣去葱姜，加入适量湿淀粉上浆，封油备用。

图3-9-2

2 菜肴烹调过程

（1）锅置火上，放入青二荆条和小米辣炒至虎皮断生。倒出，加入鲜青花椒和大蒜，并剁成烧椒碎待用。

（2）锅置火上，加入适量清水烧沸，加入盐、料酒，再下豆腐焯水，起锅控水，放入砂锅中垫底待用。

（3）锅置火上，加入适量菜籽油升温至四成油温，下码味上浆后的牛柳滑散，断生起锅，控油待用。

（4）锅置火上，加入适量菜籽油升温至六成油温，下蒜粒和烧椒碎炒成烧椒酱，倒入滑好的牛柳，加适量鲜汤烧沸，加盐、酱油、味精、藤椒油、胡椒粉调味，快速推转均匀，勾芡，亮油起锅，装入豆腐垫底的砂锅中，撒上少许葱花成菜。（图3-9-3）

图3-9-3

3 成菜特点

肉质滑嫩，烧椒味浓。

三 成菜关键技术要点

1. 烧椒的味道要充分地炒出来。
2. 牛肉码味、上浆适度，保持其鲜嫩。

四 延伸菜肴

烧椒鸡，烧椒兔。

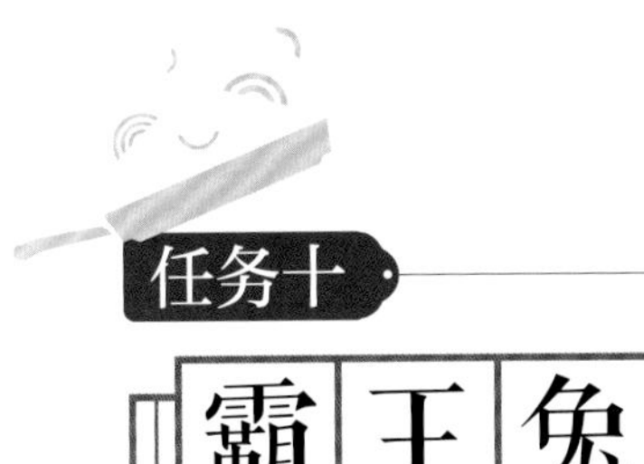

任务十 霸王兔

一 菜肴简介

霸王兔，源于重庆市璧山区，是重庆地域菜馆的一道特色菜肴。该菜肴运用等量的兔肉和青、红小米辣烹制而成，具有细嫩爽滑、麻辣鲜香的特点。霸王兔，顾名思义味道霸道醇厚，是一道佐酒佐餐的特色菜肴。

二 菜肴制作

（一）原料构成与准备（图3-10-1）

主料：鲜兔1000 g。

辅料：莲藕400 g，青小米辣800 g，红小米辣200 g。

调料：老姜50 g，蒜100 g，干青花椒10 g，鲜青花椒10 g，盐5 g，味精10 g，鸡精5 g，胡椒粉3 g，料酒30 g，辣鲜露5 g，淀粉10 g，色拉油、菜籽油适量。

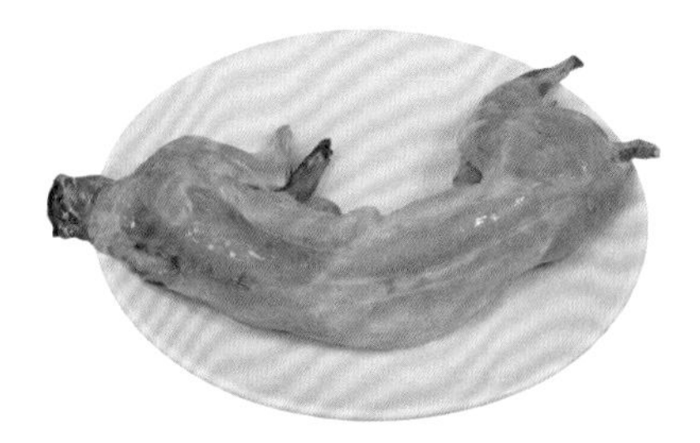

图3-10-1

（二）烹调加工成菜步骤

1 原料处理加工阶段（图3-10-2）

（1）青、红小米辣去梗洗净切颗粒，老姜、蒜去皮洗净拍破切颗粒，莲藕切丁，备用。

（2）鲜兔洗净血水去大骨，砍成1厘米大小的丁，加适量盐、味精、鸡精、胡椒粉、料酒码味，腌制入味后，加入适量淀粉上浆备用。

图3-10-2

2 菜肴烹调过程

（1）锅置火上，倒入适量色拉油升温至六成油温，放入兔丁滑散紧皮，起锅控油待用。

（2）锅中加入适量菜籽油，放入姜蒜粒炒香出味，下干青花椒、鲜青花椒爆香，下青、红小米辣，再倒入滑好的兔丁，下盐、味精、鸡精、胡椒粉、辣鲜露、料酒，大火翻炒入味，出锅装盘成菜。（图3-10-3）

图3-10-3

3 成菜特点

椒香味浓，肉质滑嫩鲜香。

三 成菜关键技术要点

1. 滑兔肉的温度要恰当，滑散即可，保持肉质鲜嫩。
2. 花椒、辣椒的香味要充分炒入兔肉中。

四 延伸菜肴

子姜兔。

任务十一

藤椒兔

一 菜肴简介

藤椒兔又名藤椒鲜嫩子姜兔，是川渝地区一道特色风味凉菜。成菜麻辣鲜香，藤椒味浓郁。

二 菜肴制作

（一）原料构成与准备（图 3-11-1）

主料：鲜兔1只1000 g。

辅料：青小米辣30 g，红小米辣15 g。

调料：鲜青花椒100 g，大蒜50 g，老姜50 g，小葱10 g，大葱50 g，辣鲜露5 g，酱油5 g，盐2 g，味精3 g，鸡精5 g，胡椒粉3 g，香料15 g，料酒30 g，色拉油适量。

图 3-11-1

（二）烹调加工成菜步骤

1 原料处理加工阶段（图3-11-2）

青、红小米辣去梗洗净切细颗粒，小葱去根、去老叶洗净切段，大蒜去皮洗净切片，老姜去皮拍破切片，大葱去根洗净切段拍破，备用。

图3-11-2

2 菜肴烹调过程

（1）炖锅置于火上，加入清水，加入适量盐、香料、料酒、大葱、姜，冷水把兔肉放入锅中烧沸后打去浮沫，煮10分钟左右，关火焖20分钟后，捞出晾凉待用。

（2）锅置火上，加入色拉油升温至七成油温，放入鲜青花椒小火慢熬出味后，浸泡24小时备用。

（3）碗中加入原汤、盐、味精、鸡精、胡椒粉、辣鲜露、酱油、姜片、蒜片、青红小米辣、鲜花椒、小葱段搅拌均匀。

（4）取一器皿，把冷兔去大骨砍成大小均匀的条块，整齐地堆码于碗中，把调好的汁水浇于菜肴表面成菜。（图3-11-3）

图3-11-3

3 成菜特点

肉质鲜嫩，麻辣清香，藤椒味浓。

三 成菜关键技术要点

1. 兔肉要充分码味去腥。
2. 煮的时间要恰当，过短不熟，过长变老。
3. 调味突出椒香味，根据实际分量调制汁水。

四 延伸菜肴

藤椒鸡。

任务十二

民间风味兔

一 菜肴简介

民间风味兔是徐鼎盛特色菜品之一，以麻辣鲜嫩为特点，成菜麻辣鲜香，肉质鲜嫩。

二 菜肴制作

（一）原料构成与准备（图 3-12-1）

主料：鲜兔500 g。

辅料：红小米辣30 g，青小米辣30 g，干青花椒20 g。

调料：大蒜15 g，老姜15 g，豆瓣20 g，盐5 g，鸡精8 g，味精5 g，料酒15 g，生粉10 g，菜籽油、色拉油适量。

图 3-12-1

（二）烹调加工成菜步骤

1 原料处理加工阶段（图3-12-2）

（1）老姜切大颗粒，大蒜切颗粒，青、红小米辣切颗粒，备用。

（2）兔肉改成兔丁，加入盐、鸡精、味精、料酒码味，最后加入生粉上浆。

图3-12-2

2 菜肴烹调过程

（1）锅置火上，下适量菜籽油升温至六成油温，下兔丁，滑散捞出备用。

（2）锅置火上，放入适量色拉油，油温烧至六成油温，下入姜蒜，干青花椒炒香，再倒入兔丁爆紧皮，下豆瓣，炒干水分，炒出红油，再下青、红小米辣炒香出味，出锅装盘成菜。（图3-12-3）

图3-12-3

3 成菜特点

兔肉鲜嫩，麻辣鲜香。

三 成菜关键技术要点

1. 兔肉码味要足。
2. 豆瓣要炒香，炒出红油。

四 延伸菜肴

民间风味子鸡。

模块四 其他类菜肴

渝味江湖菜

任务一

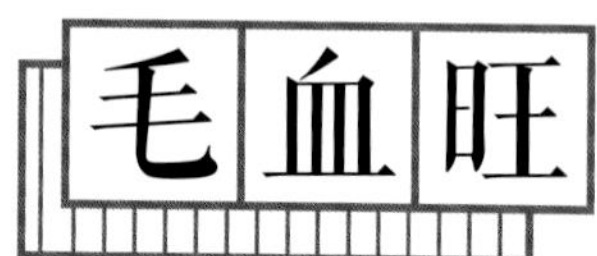

毛血旺

一 菜肴简介

毛血旺，汤汁红亮、麻辣鲜香、味浓味厚。在一锅一铲的碰撞间，辣椒香味、花椒香味、葱蒜香味和肉香融合在一起，香气四溢，形成了一道经典的麻、辣、鲜、香、烫的传统川菜。

二 菜肴制作

（一）原料构成与准备（图 4-1-1）

主料： 鸭血300 g，发毛肚150 g，千层肚100 g，猪黄喉100 g，午餐肉150 g，鳝鱼150 g，猪肝100 g，鱿鱼150 g。

辅料： 黄豆芽200 g，水发木耳50 g，莲藕150 g，平菇80 g，马铃薯120 g。

调料： 老姜30 g，大蒜80 g，小葱15 g，干辣椒30 g，干花椒5 g，辣椒面8 g，花椒面2 g，火锅底料200 g，豆瓣酱50 g，盐3 g，味精10 g，胡椒粉6 g，鸡精10 g，白糖3 g，料酒10 g，生抽5 g，白芝麻2 g，淀粉3 g，菜籽油适量。

图 4-1-1

(二)烹调加工成菜步骤

1 原料处理加工阶段(图4-1-2)

(1)水发木耳洗净撕成片,平菇去根洗净撕成小片,黄豆芽去根洗净,莲藕去皮洗净切成 0.2 厘米左右厚的片,马铃薯去皮洗净切 0.2 厘米左右厚的片,姜、蒜去皮洗净分别剁成末,小葱去根、去老叶洗净切葱花,干辣椒切节去籽,备用。

图 4-1-2

(2)鸭血改刀成厚 1 厘米左右的块,发毛肚洗净撕片,千层肚洗净控水,猪黄喉刮去油脂改花刀(4~5 刀一段),午餐肉切 1 厘米左右厚的块,鳝鱼去头去骨改刀成片并洗净血水,猪肝洗净切薄柳叶片,加少许盐、料酒、胡椒粉、淀粉码味上浆,鱿鱼洗净改麦穗花刀,备用。

2 菜肴烹调过程

(1)锅置火上,加入适量清水烧沸,下适量盐、料酒,放入鸭血汆水,起锅控水,冷水中浸泡,再放入鱿鱼烫出麦穗形花卷,起锅控水,冷水中浸泡,待用。(图 4-1-3)

（2）锅中加入适量菜籽油升温至六成油温，下辅料炒熟，加盐、味精、鸡精调味，翻炒均匀出锅，装入汤盆中垫底待用。

图4-1-3

（3）洗锅下油升至六成油温，下干花椒炸香，下姜蒜末炒香出味，加入豆瓣酱炒香出味出色，下辣椒面炒香出色，再加入火锅底料小火炒化，加入适量清水，下适量盐、白糖、生抽调底味，烧沸后放入素菜煮热后捞出热盘底，然后加入午餐肉、鸭血、鳝鱼、鱿鱼，煮入味后，下味精和鸡精调味，再下毛肚、千层肚、猪肝、黄喉，快速烫熟，起锅连汤汁一起倒入汤盘中，表面撒上蒜末和少许花椒面。

（4）洗锅下油升温至七成油温，下干花椒、干辣椒炸香后浇于表面炝香菜肴，撒上葱花和白芝麻即可成菜。（图4-1-4）

图4-1-4

3 成菜特点

汤色红亮，麻辣鲜香烫。

三 成菜关键技术要点

1. 汤汁调味调色适宜。
2. 毛肚、黄喉、猪肝要保持其脆嫩度。
3. 炝油的温度适宜，要把辣椒、花椒的香味炝入菜肴中。

四 延伸菜肴

火锅牛肉。

任务二 荤豆花

一 菜肴简介

荤豆花，是重庆清汤火锅的另一种呈现形式。该菜肴是将很多食材混合起来煮制而成，既有火锅的热气腾腾和丰富的配菜，又有豆花的鲜嫩，常佐以味碟食之。

二 菜肴制作

（一）原料构成与准备（图 4-2-1）

主料： 河水豆花800 g。

辅料： 猪里脊200 g，猪肝100 g，猪肚150 g，猪心100 g，猪舌100 g，午餐肉150 g，番茄50 g，豌豆尖50 g，平菇50 g，水发木耳30 g，黄豆芽100 g，小葱50 g。

调料： 老坛酸菜100 g，大骨汤2000 g，大葱20 g，老姜15 g，大蒜50 g，盐10 g，味精15 g，鸡精15 g，料酒10 g，白糖2 g，胡椒粉5 g，淀粉30 g，猪油、色拉油适量。

图 4-2-1

（二）烹调加工成菜步骤

1 原料处理加工阶段（图4-2-2）

（1）猪里脊切薄片，加少许盐、胡椒粉、葱、姜、料酒码味，腌制好后，拣去葱姜，加入湿淀粉均匀上浆；猪肝切薄柳叶片，加少许盐、胡椒粉、葱、姜、料酒码味，腌制好后，拣去葱姜，加入湿淀粉均匀上浆；猪肚加入葱、姜、料酒，煮熟透后切一指条；午餐肉切片；猪舌切片；番茄洗净切大块；平菇去根洗净撕片；水发木耳洗净撕片；黄豆芽去根洗净；小葱去根、去老叶切葱花；老姜去皮洗净切片；大蒜去皮洗净剁成蒜末；酸菜切丝，备用。

图 4-2-2

2 菜肴烹调过程

图 4-2-3

（1）炙锅下适量混合油（猪油和色拉油），升温至六成油温，下少许蒜末爆香，加入酸菜小火炒香出味，倒入大骨汤烧沸，放入黄豆芽、平菇片、木耳片，煮至七成熟，再加入番茄，再依次加入猪肚条、猪舌、猪瘦肉片、猪肝片、午餐肉片，最后加入豌豆尖。加盐、味精、鸡精、白糖调味，倒入汤锅盆中。

（2）把豆花控水，置于汤锅表面，撒上葱花佐以味碟即可成菜。（图 4-2-3）

3 成菜特点

细嫩滋润，鲜香味美，风味独特。

三 成菜关键技术要点

1. 猪肝、瘦肉码味、上浆要均匀，下锅后不要马上搅动。
2. 汤汁的熬制时间要充足，汤汁要鲜美洁白，营养丰富。

四 延伸菜肴

无。

任务三

泡椒鸭血

一 菜肴简介

泡椒鸭血是川渝地区的一道特色菜品，其味道酸辣爽口，血块鲜嫩多汁。血旺是动物血加盐直接加热凝固而成的食品。常见制作菜肴的血旺除了鸭血，还有鸡血、猪血。

二 菜肴制作

（一）原料构成与准备（图4-3-1）

主料：鸭血300 g。

辅料：小葱10 g。

调料：青泡椒50 g，红泡椒30 g，泡姜20 g，大蒜10 g，干花椒2 g，味精5 g，白糖2 g，胡椒粉3 g，保宁醋2 g，料酒5 g，豆瓣酱10 g，淀粉2g，猪油、菜籽油适量。

图4-3-1

（二）烹调加工成菜步骤

图 4-3-2

① 原料处理加工阶段（图4-3-2）

（1）鸭血热处理定型，再改刀成大小 2 厘米厚的块，用水浸泡备用。

（2）青、红泡椒切成节，小葱去根、去老叶洗净切葱花，泡姜切成姜片，大蒜去皮洗净切蒜末，备用。

② 菜肴烹调过程

（1）鸭血冷水下锅加少许盐，烧至水沸后打去血沫控水，放入冷水浸泡待用。

（2）炙锅下混合油（猪油、菜籽油）升温至六成油温，下干花椒炸香，加入大蒜炒香出味后加泡椒、泡姜炒出香味，再加入少许豆瓣酱炒香炒出颜色，烹入料酒，加适量高汤，烧沸后加入白糖、胡椒粉、保宁醋调底味，再放入鸭血，改小火烧入味，待水分快干时，加入味精调味，淀粉勾芡，推转均匀，亮油起锅装盘，撒上葱花即可成菜。（图 4-3-3）

图 4-3-3

③ 成菜特点

血质鲜嫩、泡椒味浓郁。

三 成菜关键技术要点

1. 鸭血小火慢烧入味。
2. 调味适宜。

四 延伸菜肴

泡椒血旺（鸡血、猪血）。

任务四

茄子炒豇豆

一 菜肴简介

茄子炒豇豆是重庆家常菜系列中素菜的代表菜品之一。其软糯鲜香、口味清淡。茄子里含有大量的维生素 B 和维生素 C，豇豆也含有丰富的维生素和矿物质，所以两者一起搭配食用营养丰富。

二 菜肴制作

（一）原料构成与准备（图 4-4-1）

主料：茄子400 g。

辅料：豇豆200 g。

调料：大蒜30 g，青小米辣10 g，红小米辣5 g，盐3 g，味精5 g，白糖2 g，蚝油2 g，酱油2 g，色拉油、菜籽油适量。

图 4-4-1

（二）烹调加工成菜步骤

1 原料处理加工阶段（图4-4-2）

（1）茄子去梗洗净改成长8厘米、宽1厘米左右的段，清水浸泡备用；豇豆去头尾洗净，切成长8厘米左右的段，备用。

（2）大蒜去皮拍破切颗粒，青、红小米辣去梗对半切，备用。

图4-4-2

2 菜肴烹调过程

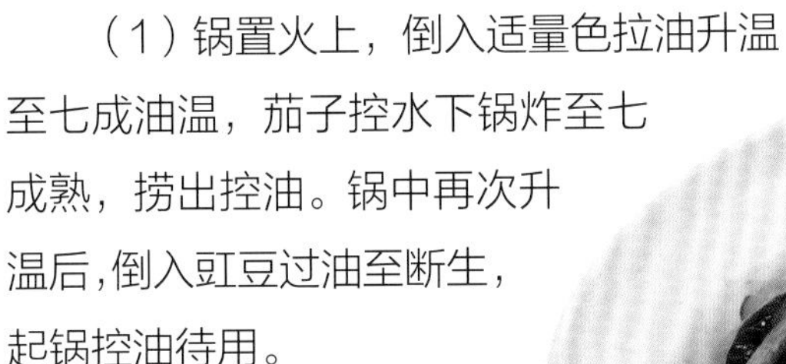

（1）锅置火上，倒入适量色拉油升温至七成油温，茄子控水下锅炸至七成熟，捞出控油。锅中再次升温后，倒入豇豆过油至断生，起锅控油待用。

（2）锅置火上，加入少量菜籽油，下蒜粒爆香，倒入青、红小米辣爆炒出香味，再倒入过油的主辅料，翻炒均匀，加入适量盐、味精、酱油、蚝油、白糖调味，翻炒均匀，出锅装盘成菜。（图4-4-3）。

图4-4-3

3 成菜特点

软糯鲜香，色泽丰富。

三 成菜关键技术要点

1. 茄子和豇豆过油炸的温度要控制恰当。
2. 充分爆炒出蒜香和椒香味。

四 延伸菜肴

无。

任务五

韭香小河虾

一 菜肴简介

韭香小河虾是一道经典的佐酒菜肴，因地域和饮食文化的不同，在制作上有所差异。在重庆，韭香小河虾以先炸后炒的方式为主，加入姜、蒜、干辣椒、小米辣等调味料，增加其香辣度，形成浓郁的辣鲜风味。

二 菜肴制作

（一）原料构成与准备（图 4-5-1）

主料：鲜活小河虾400 g。

辅料：韭菜薹100 g。

调料：干辣椒10 g，老姜5 g，大蒜5 g，盐3 g，味精2 g，鸡精2 g，白糖1 g，料酒5 g，花椒面2 g，胡椒粉3 g，淀粉、菜籽油适量。

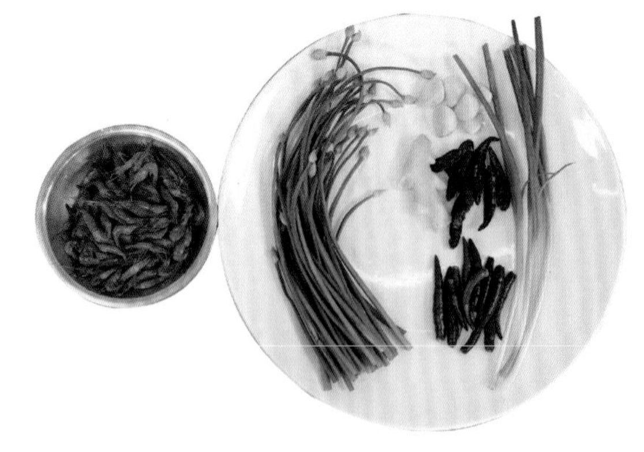

图 4-5-1

（二）烹调加工成菜步骤

1 原料处理加工阶段（图4-5-2）

（1）韭菜薹洗净切段，姜、蒜去皮洗净剁成姜蒜末，干辣椒切节去籽，备用。

（2）小河虾加入盐、料酒、胡椒粉码味，加入适量干淀粉上浆备用。

图 4-5-2

2 菜肴烹调过程

（1）锅置火上，下适量菜籽油升温至七成油温，放入小河虾炸至外酥里嫩，起锅控油，待用。

（2）锅置火上，下少许菜籽油，下干辣椒炒至枣红色，加入姜蒜末炒香出味，倒入炸好的小河虾，再放入韭菜段翻炒均匀，加盐、味精、鸡精、白糖、花椒面调味，翻炒均匀，出锅装盘成菜。（图 4-5-3）。

图 4-5-3

3 成菜特点

外酥里嫩，韭香四溢。

三 成菜关键技术要点

1. 小河虾要腌制入味，炸制温度要适宜，外酥里嫩。
2. 干辣椒和姜蒜要爆香且香味要融入菜肴中。
3. 调味适宜。

四 延伸菜肴

韭香竹虫，韭香蚕蛹。

任务六

花菜炒腊肉

一 菜肴简介

花菜炒腊肉是一道川渝地区的特色美食，花菜清香爽口，腊肉腊香可口；重庆地区采用家常菜的制作方法，加入青红小米辣搭配，别有一番风味，是餐桌上常见的菜肴之一。

二 菜肴制作

（一）原料构成与准备（图 4-6-1）

主料：花菜400 g。

辅料：腊肉200 g，蒜苗100 g。

调料：青小米辣15 g，红小米辣5 g，小葱10 g，大蒜10 g，老姜5 g，盐3 g，味精5 g，蚝油5 g，色拉油适量。

图 4-6-1

（二）烹调加工成菜步骤

1 原料处理加工阶段（图4-6-2）

（1）花菜去梗切小瓣，蒜苗去根、去老叶洗净切马耳蒜苗，青、红小米辣去梗洗净对半切，小葱去根、去老叶洗净切段，姜、蒜去皮洗净切指甲片，备用。

（2）腊肉烧皮洗净煮熟切片备用。

图 4-6-2

2 菜肴烹调过程

（1）锅置火上，下清水烧沸倒入腊肉片煮熟，起锅控水待用。

（2）锅置火上，下适量色拉油升温至七成油温，放入花菜过油，炸至断生，起锅控油待用。

（3）炙锅下适量色拉油，下煮熟的腊肉爆炒至水干吐油，下姜蒜片和青、红小米辣炒香出味，倒入花菜翻炒均匀，下蒜苗和小葱段，加盐、味精、蚝油调味，翻炒均匀，起锅装盘成菜。（图 4-6-3）。

图 4-6-3

3 成菜特点

色泽鲜艳光亮、腊香味浓郁。

三 成菜关键技术要点

1. 花菜要过油，不可水煮。
2. 腊肉要充分煮至皮软，否则影响菜肴的成菜质量。

四 延伸菜肴

无。

任务七

擂钵烧椒皮蛋

一 菜肴简介

擂钵烧椒皮蛋是从一道湘菜非遗菜品改良创新而成，通过“擂”的方式，将辣椒和皮蛋完全融合在一起，奇妙的口感瞬间打开味蕾。重庆江湖菜，通过对菜肴的改进，加入青小米辣和藤椒油，迎合重庆地区的饮食习惯，形成了一道特色江湖菜。

二 菜肴制作

（一）原料构成与准备（图 4-7-1）

主料：松花皮蛋2个。

辅料：青二荆条500 g，青小米辣50 g。

调料：大蒜50 g，小葱10 g，盐3 g，味精5 g，白糖1 g，藤椒油3 g，保宁醋5 g。

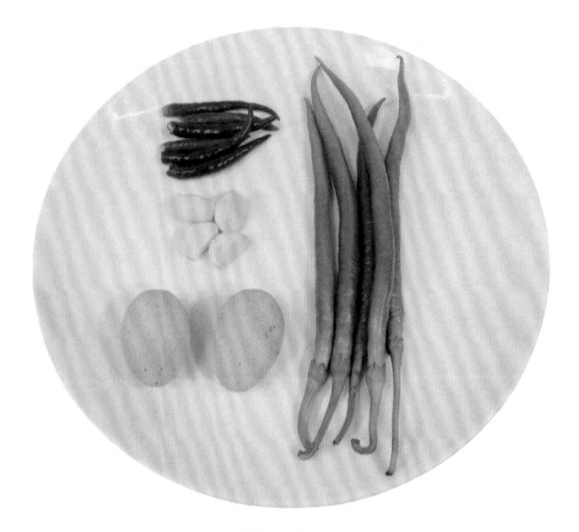

图 4-7-1

（二）烹调加工成菜步骤

1 原料处理加工阶段

图 4-7-2

（1）松花皮蛋去皮洗净，一个皮蛋切成 4 瓣，大蒜去皮，小葱去根、去老叶洗净切葱花，备用。

（2）青二荆条和青小米辣放到炭火上，烧至起虎皮，晾凉后，去辣椒梗，撕去虎皮备用。（图 4-7-2）

2 菜肴烹调过程

图 4-7-3

取一擂钵，放入大蒜擂碎，把青二荆条撕成条放入其中，小米辣对半切开，边放入其中边加入盐、味精、白糖、保宁醋、藤椒油调味，充分擂匀，混合入味，再放入皮蛋旋转擂拌均匀，撒上葱花成菜。（图 4-7-3）。

3 成菜特点

清爽香麻，辣而不燥。

三 成菜关键技术要点

1. 辣椒炭火烤制，使炭香入味。
2. 擂辣椒的力度掌握得当，既擂出味道，又不失菜肴的形状。

四 延伸菜肴

烧椒鹌鹑蛋。

任务八

活捉莴笋

一 菜肴简介

活捉莴笋是一道凉时蔬菜，以其味道酸辣浓烈而受到人们的喜爱。“活”就是“鲜活”“生嫩”的意思。“活捉”即生拌、鲜拌，即在新鲜的莴笋片或莴笋叶上面淋上兑好的调料，将汤汁“捉”在莴笋上。活捉莴笋造型美观大方、鲜嫩清脆、麻辣酸甜、口感丰富。

二 菜肴制作

（一）原料构成与准备（图 4-8-1）

主料：青笋叶200 g，青笋头300 g。

辅料：红小米辣15 g，大蒜15 g，小葱20 g，干花椒20 g，干辣椒20 g。

调料：红油100 g，糊辣油150 g，盐5 g，味精10 g，白糖60 g，保宁醋15 g，生抽150 g，藤椒油2 g，熟芝麻15 g，菜籽油适量。

图4-8-1

（二）烹调加工成菜步骤

1 原料处理加工阶段（图4-8-2）

青笋叶洗净切节，青笋头去皮洗净改刀成片，小葱去根、去老叶洗净切葱花，大蒜去皮洗净剁成蒜末，红小米辣切圈，干辣椒切节去籽，备用。

图 4-8-2

2 菜肴烹调过程

（1）青笋叶放入盘中垫底，青笋片均匀盖在笋叶上装盘。

（2）锅置火上，倒入少许菜籽油升温至五成油温，加入干辣椒炸成枣红色的酥辣椒，捞出晾凉待用，再放入干花椒炸香捞出，制成刀口花椒，然后把锅中菜籽油倒入碗中待用。

（3）在盛有菜籽油的碗中加入蒜末、盐、味精、白糖、保宁醋、红油、糊辣油、生抽、藤椒油、刀口花椒，搅拌均匀，兑成味汁，淋到笋上，再撒上葱花、小米辣圈、熟芝麻点缀成菜。（图 4-8-3）

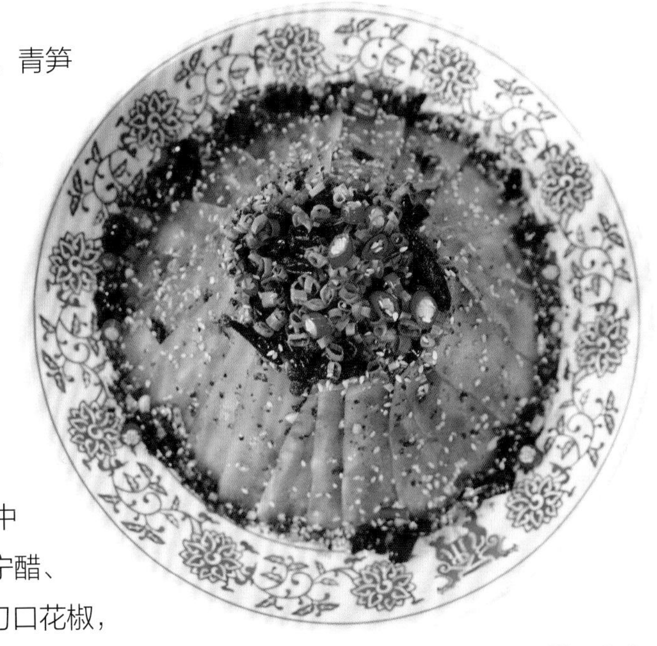

图 4-8-3

3 成菜特点

脆嫩鲜香，酸辣爽口。

三 成菜关键技术要点

1. 青笋叶和青笋头装盘美观。
2. 味汁的勾兑需根据菜肴的量灵活勾兑。

四 延伸菜肴

活捉血皮菜。

任务九

酸辣蕨根粉

一 菜肴简介

蕨根粉是一种药食同源的天然野生植物，既可入药又可食用，富含铁、锌、硒等多种微量元素、维生素和多种必需氨基酸。在炎炎夏日，酸辣蕨根粉是餐桌上很有特色的一道凉菜，酸辣爽口，开胃解腻。

二 菜肴制作

（一）原料构成与准备（图 4-9-1）

主料：蕨根粉200 g。

辅料：小葱30 g，红小米辣50 g，大蒜15 g。

调料：生抽15 g，辣鲜露10 g，保宁醋10 g，白糖8 g，味精5 g。

图 4-9-1

（二）烹调加工成菜步骤

1 原料处理加工阶段

（1）蕨根粉开水泡发至口感软糯，捞出洗净备用。

（2）大蒜去皮洗净剁成蒜末，小葱去根、去老叶洗净切葱花，红小米辣去梗洗净切圈，备用。（图4-9-2）

图4-9-2

2 菜肴烹调过程

（1）蕨根粉沸水下锅，小火煮15分钟，捞出装盘。

（2）在碗中加入生抽、辣鲜露、保宁醋、白糖、味精调制调味汁，浇在蕨根粉上，再加入切好的葱花、蒜末、小米辣圈即可成菜。（图4-9-3）

图4-9-3

3 成菜特点

酸辣爽口，汁浓味厚。

三 成菜关键技术要点

1. 干蕨根粉的泡发要用开水泡发。
2. 调味汁需根据菜肴的量调制。

四 延伸菜肴

酸辣黄瓜，酸辣红薯粉。

任务十

渣海椒土豆片

一 菜肴简介

渣海椒为四川特色的辣椒酱，由红辣椒、花椒和盐等制成。渣海椒土豆片是一道以渣海椒为主要调味料的地方菜品，不仅口味独特，而且富含膳食纤维和维生素等营养物质。

二 菜肴制作

（一）原料构成与准备（图 4-10-1）

主料：土豆400 g。

辅料：渣海椒150 g，小葱50 g。

调料：老姜5 g，大蒜10 g，盐2 g，味精5 g，白糖2 g，菜籽油适量。

图 4-10-1

（二）烹调加工成菜步骤

1 原料处理加工阶段（图4-10-2）

土豆去皮洗净，切厚块，清水中浸泡后控水，小葱去根、去老叶洗净切葱花，姜、蒜去皮切片，备用。

图 4-10-2

2 菜肴烹调过程

（1）锅置火上，下适量菜籽油升温至七成油温，下土豆片炸至脆熟，起锅控油，待用。

（2）炙锅下油，放入姜、蒜片炒香出味，倒入渣海椒炒香呈透明状，下葱花和过油的土豆片翻炒均匀，加盐、味精、白糖调味，翻炒均匀，出锅装盘成菜。（图 4-10-3）。

图 4-10-3

3 成菜特点

渣香四溢。

三 成菜关键技术要点

1. 土豆片过油炸，不能水煮；炸制的时间要控制，脆熟即可。
2. 渣海椒要充分炒出香味，融入土豆片中。

四 延伸菜肴

渣海椒回锅肉，渣海椒腊肉，渣海椒粉蒸肉。

参考文献

［1］卢郎，陈小林，朱国荣．重庆江湖菜［M］．重庆：重庆出版社，2017.

［2］曾清华，雷开永．每天一道江湖菜：必吃的 159 道网红重庆江湖菜［M］．重庆：重庆出版社，2020.

［3］王伟．重庆地标菜［M］．重庆：重庆出版社，2023.

［4］陈小林，卢郎．味道重庆——舌尖上的龙门阵［M］．重庆：重庆出版社，2019.

［5］冯勇．渝菜烹饪技艺传承与创新路径研究［J］．南宁职业技术学院报，2019，24（4）．

［6］重庆卫视．渝味 360 碗．